献给清华大学建校100周年

暨梁思成先生诞辰110周年

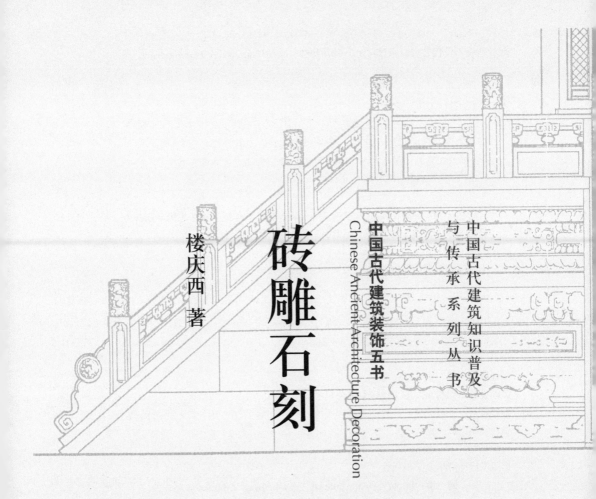

楼庆西 著

砖雕石刻

中国古代建筑装饰五书
Chinese Ancient Architecture Decoration

中国古代建筑知识普及与传承系列丛书

清华大学出版社 北京

图书在版编目（CIP）数据

砖雕石刻／楼庆西著.—北京：清华大学出版社，2011（2023.11重印）
（中国古代建筑知识普及与传承系列丛书.中国古代建筑装饰五书）
ISBN 978-7-302-24975-7

Ⅰ.①砖… Ⅱ.①楼… Ⅲ.①古建筑 – 砖 – 装饰雕塑 – 建筑艺术 – 中国 – 图集
②古建筑 – 石刻 – 建筑艺术 – 中国 – 图集 Ⅳ.①TU-852

中国版本图书馆CIP数据核字（2011）第039429号

责任编辑：徐　颖　徐　海
装帧设计：锦绣东方图文设计有限公司
责任校对：王凤芝
责任印制：杨　艳

出版发行：清华大学出版社
　　　　　网　　址：http://www.tup.com.cn,　　http://www.wqbook.com
　　　　　地　　址：北京清华大学学研大厦A座　　　邮　编：100084
　　　　　社总机：010-83470000　　　　　　　　　邮　购：010-62786544
　　　　　投稿与读者服务：010-62776969, c-service@tup.tsinghua.edu.cn
　　　　　质量反馈：010-62772015, zhiliang@tup.tsinghua.edu.cn
印装者：小森印刷（北京）有限公司
经　销：全国新华书店
开　本：170mm×230mm　　　印　张：18　　　字　数：240千字
版　次：2011年4月第1版　　　印　次：2023年11月第9次印刷
定　价：99.00元

产品编号：040861-04

献给关注中国古代建筑文化的人们

策　划：华润雪花啤酒（中国）有限公司

统　筹：清华大学建筑学院

主　持：王　群　朱文一

执　行：王贵祥　王向东

资　助：清华大学建筑学院

华润雪花啤酒（中国）有限公司

参　赞：

侯孝海　张远堂　陈　迟　李　念

刘　旭　连　博　廖慧农　李路珂

李新钰　袁增梅　毛　娜

◆ 总序一 ◆

　　2008年年初，我们总算和清华大学完成了谈判，召开了一个小小的新闻发布会。面对一脸茫然的记者和不着边际的提问，我心里想，和清华大学的这项合作，真是很有必要。

　　在"大国"、"崛起"甚嚣尘上的背后，中国人不乏智慧、不乏决心、不乏激情，甚至不乏财力。但关键的是，我们缺少一点"独立性"，不论是我们的"产品"，还是我们的"思想"。没有"独立性"，就不会有"独特性"；没有"独特性"，连"识别"都无法建立。

　　我们最独特的东西，就是自己的文化了。学术界有一句话："建筑是一个民族文化的结晶。"梁思成先生说得稍客气一些："雄峙已数百年的古建筑，充沛艺术趣味的街市，为一民族文化之显著表现者。"当然我是在"断章取义"，把逗号改成了句号。这句话的结尾是："亦常在'改善'的旗帜之下完全牺牲。"

　　我们的初衷，是想为中国古建筑知识的普及做一点事情。通过专家给大众写书的方式，使中国古建筑知识得以普及和传承。当我们开始行动时，由我们自己的无知产生了两个惊奇：一是在这片天地里，有这么多的前辈和新秀在努力和富有成果地工作着；二是这个领域的研究经费是如此的窘迫，令我们瞠目结舌。

　　希望"中国古代建筑知识普及与传承系列丛书"的出版，能为中国古建筑知识的普及贡献一点力量；能让从事中国古建筑研究的前辈、新秀们的研究成果得到更多的宣扬；能为读者了解和认识中国古建筑提供一点工具；能为我们的"独立性"添砖加瓦。

王　群

华润雪花啤酒 (中国) 有限公司　总经理
2009年1月1日于北京

总序二

　　2008年的一天，王贵祥教授告知有一项大合作正在谈判之中。华润雪花啤酒（中国）有限公司准备资助清华开展中国建筑研究与普及，资助总经费达1000万元之巨！这对于像中国传统建筑研究这样的纯理论领域而言，无异于天文数字。身为院长的我不敢怠慢，随即跟着王教授奔赴雪花总部，在公司的大会议室见到了王群总经理。他留给我的印象是慈眉善目，始终面带微笑。

　　从知道这项合作那天起，我就一直在琢磨一个问题：中国传统建筑还能与源自西方的啤酒产生关联？王总的微笑似乎给出了答案：建筑与啤酒之间似乎并无关联，但在雪花与清华联手之后，情况将会发生改变，中国传统建筑研究领域将会带有雪花啤酒深深的印记。

　　其后不久，签约仪式在清华大学隆重举行，我有机会再次见到王总。有一个场景令我记忆至今，王总在象征合作的揭幕牌上按下印章后，发现印上的墨色较浅，当即遗憾地一声叹息。我刹那间感悟到王总的性格。这是一位做事一丝不苟、追求完美的人。

　　对自己有严格要求的人，代表的是一个锐意进取的企业。这样一个企业，必然对合作者有同样严的要求。而他的合作者也是这样的一个集体。清华大学建筑学院建筑历史研究所，这个不大的集体，其背后的积累却可以一直追溯到80年前，在爱国志士朱启钤先生资助下创办的"中国营造学社"。60年前，梁思成先生把这份事业带到清华，第一次系统地写出了中国人自己的建筑史。而今天，在王贵祥教授和他的年长或年轻的同事们，以及整个建筑史界的同仁们的辛勤耕耘下，中国传统建筑研究领域硕果累累。又一股强大的力量！强强联合一定能出精品！

　　王群总经理与王贵祥教授，企业家与建筑家十指紧扣，成就了一次企业与文化的成功联姻，一次企业与教育的无间合作。今天这次联手，一定能开创中国传统建筑研究与普及的新局面！

朱文一

清华大学建筑学院　院长
2009年1月22日凌晨于清华园

前　言

　　建筑，除个别如纪念碑之类的以外，都具有物质与精神的双重功能。建筑为人们生活、工作、娱乐等提供了不同的活动场所，这是它的物质功能；建筑又都是形态相异的实体，它以不同的造型引起人们的注视，从而产生出各种感受，这是它的精神功能。

　　中国古代建筑具有悠久的历史，它采用木结构，用众多的单体建筑组合成群，为宫廷、宗教、陵墓、游乐、居住提供了不同的场所，同时它们的形象又表现出各类建筑主人不同的精神需求。宫殿建筑的宏伟、宗教寺庙的神秘、陵墓的肃穆、文人园林的宁静、住宅表现出居住者不同的人生理念，这些不同的建筑组成为中国古代建筑多彩的画卷。

　　建筑也是一种造型艺术，但它与绘画、雕塑不同，建筑的形象必须在满足物质功能的前提下，应用合适的材料与结构方式组成其基本的造型。它不能像绘画、雕塑那样用笔墨、油彩在画布、纸张上任意涂抹；不能像雕塑家那样对石料、木料、泥土任意雕琢和塑造；它也不能像绘画、雕塑那样绘制、塑造出具体的人物、动植物、器物的形象以及带有情节性的场景。建筑只能应用它们的形象和组成的环境表现出一种比较抽象的气氛与感受，宏伟或平和、神秘或亲切、肃穆或活泼、喧闹或寂静。但是这种气氛与感受往往不能满足要求。封建帝王要他们的皇宫、皇陵、皇园不仅具有宏伟的气势，而且要表现出封建王朝的一统天下、长治久安和帝王无上的权力与威慑力。文人要自己的宅园不仅有自然山水景观，还要表现出超凡脱俗的意境。佛寺道观不仅要有一个远离尘世的环境，还要表现出佛国世界的繁华与道教的天人合一境界。住宅不仅要有宁静与私密性，而且还要表现出宅主对福、禄、寿、喜的人生祈望。而所有这些精神上的要求只能通过建筑上的装饰来表达。这里包括把建筑上的构件加工为具有象征意义的形象、建筑的色彩处理，以及把绘画、雕塑用在建筑上等等方法。在这里装饰成了建筑精神功能重要的表现手段，装饰极大地增添了建筑艺术的表现力。

中国古代建筑在长达数千年的发展中，创造了无数辉煌的宫殿、灿烂的寺庙、秀丽的园林与千姿百态的住宅，而在这些建筑的创造中，装饰无疑起到十分重要的作用。这些装饰不仅形式多样，而且具有丰富的人文内涵，从而使装饰艺术成为中国古代建筑中很重要的一部分。1998年和1999年，我分别编著了《中国传统建筑装饰》与《中国建筑艺术全集·装修与装饰》，这是两部介绍与论述中国古代建筑装饰的专著，但前者所依据的材料不够全，而后者文字仅三万余字，所以论述都不够细致与全面。2004年以后，又陆续编著了《雕梁画栋》、《户牖之美》、《雕塑之艺》、《千门万户》和《乡土建筑装饰艺术》，但这些都局限于介绍乡土建筑上的装饰。经过近十年的调查与收集，有关装饰的实例见得比较多了，资料也比以前丰富了，在这个基础上，现在又编著了这部《中国古代建筑装饰五书》。

介绍与论述中国古建筑的装饰可以用多种分类的办法：一是按装饰所在的部位，例如房屋的结构梁架、屋顶、房屋的门与窗、房屋的墙体、台基等等，在这些部分可以说无处不存在着装饰。另一种是按装饰所用材料与技法区分，主要有石雕、砖雕、木雕、泥灰塑、琉璃、油漆彩绘等。现在的五书是综合以上两种方法将装饰分为五大部分，即：（一）《雕梁画栋》论述房屋木结构部分的装饰。包括柱子、梁枋、柁墩、瓜柱、天花、藻井、檩、椽、雀替、梁托、斗栱、撑栱、牛腿等部分。（二）《千门之美》论述各类门上的装饰。包括城门、宫门、庙堂门、宅第门、大门装饰等部分。（三）《户牖之艺》论述房屋门窗的装饰。包括门窗发展、宫殿门窗、寺庙门窗、住宅门窗、园林门窗、各类门窗比较等部分。（四）《砖雕石刻》论述房屋砖、石部分的装饰。包括砖石装饰内容及技法、屋顶的装饰、墙体、栏杆与影壁、柱础、基座、石碑、砖塔等部分。（五）《装饰之道》论述装饰的发展与规律。包括装饰起源与发展、装饰的表现手法、装饰的民族传统、地域特征与时代特征等。

建筑文化是传统文化的一部分，为了宣扬与普及优秀的民族传统文化，本书的论述既不失专业性又兼顾普及性，所以多以建筑装饰实例为基础，综合分析它们的形态和论述它们所表现的人文内涵。随着经济的快速发展，中国必然会出现文化建设的高潮，各地的古代建筑文化越来越受到各界的关注。新的一次全国文物大普查，各地区又发现了一大批有价值的文物建筑，作为建筑文化重要标志的建筑装饰更加显露出多彩的面貌，相比之下，这部装饰五书所介绍的只是一个小部分，有的内容例如琉璃、油漆彩画就没有包括进去。十多年以前，我在《中国传统建筑装饰》一书的后记里写道："祖先为我们留下了建筑装饰无比丰富的遗产，我们有责任去发掘、整理，并使之发扬光大。建筑装饰美学也是一件十分重要而又有兴味的工作，值得我们去继续探讨。我愿与国内外学者共同努力。"现在，我仍然抱着这种心情继续努力学习和探索。

楼庆西

2010年12月于清华园

目　录

概　述

　　中国古代建筑如果与西方古代建筑相比较, 它的最大特征就是用木结构体系。在地面上竖立木柱子, 再在木柱子上架设木材的梁枋, 层层相叠构筑成房屋屋顶部分, 从而形成了整座建筑的构架。但是在这些木结构的建筑中并非完全不用砖材与石料, 例如一幢房屋的墙体和一组房屋群体的院落围墙都是用砖砌的, 房屋内和院落的地面是用砖铺的, 房屋大门上的门头、门脸装饰也是用砖造的。用石料的地方也不少, 石头的房屋基座与台阶, 石柱础、石栏杆、石门墩和讲究的院落铺石地面等等。以上是就房屋和建筑群组的局部而言, 除此以外也有完全用砖或石料构筑的建筑, 例如建造在地面以下的墓室, 完全是用砖或石料筑造出墓室的屋顶、墙体与地面, 地面上的佛塔、无梁殿、石室, 还有砖石牌坊、影壁、石狮子、石碑、华表、石柱等小品类建筑。这些由砖、石建造的建筑虽然在中国古代建筑中只占少数, 但也是不可忽略的部分。

　　古代工匠在对木结构各种构件的制作过程中多对它们进行了美的加工, 而在对砖、石构件的制作中同样也进行了或多或少, 程度不同的美的加工, 并且也与木构件一样由简单的美的形式逐渐发展而成为一种装饰。那么, 这些房屋上的木结构装饰与砖、石构件的装饰有些什么相同与不相同之处呢?

　　(一) 在装饰所表现的内容上它们是相同的。建筑上装饰所要表现的内容都是建筑主人所崇尚的人生理念与追求, 而这种理念, 无论建筑主人是官吏、士族或是平民百姓, 都脱离不了那个时代的具有统治地位的社会意识。中国古代由于处于两千年的长期封建社会, 以礼治国、以礼制人贯彻始终, 因此这种社会意识表现得更为突出与统一。天、地、君、亲、师成为不可动摇的等级制约, 福、禄、寿、喜成为上自君王下至百姓的共同追求, 因此我们无论在北京紫禁城宫殿建筑上、地下墓室里还是乡间的祠堂、住宅上都可以见到表现这些内容的装饰, 甚至在一些佛寺、道观等宗教建筑的装饰里也会看到这类装饰。

　　由于建筑装饰的特殊性, 它不可能像绘画、雕塑那样直接描绘, 雕刻出某一种具体的情节, 所以多采用象征与比拟的方法去表现一定的内容, 在这方面砖石装饰和木装饰用的是同样的方法, 也是采用具有特定象征意义的动物、植物、器物等形象, 单独地或者组合地表现出一定的内容。现将砖、石装饰中常见的形象及其象征的内容列举如下。

石牌楼上雕龙装饰

砖栏杆上龙装饰

　　龙：神龙在汉高祖自称为龙子以前，早就是中华民族的图腾象征了，所以在宫殿建筑上龙尽管成为帝王的象征而规定不可在他处使用，但在民间龙却成为神圣和喜庆的象征而被广泛地使用在寺庙、祠堂等建筑上，而且春节舞龙灯、端午赛龙舟也成为民间传统的喜庆活动。在各地房屋屋顶的砖雕屋脊上，在石牌楼的梁枋上，在砖门头、门脸的砖雕装饰里，都能见到神龙的身影。既有龙头、龙身、龙爪俱全的龙，也有龙头卷草身和龙头回纹身的草龙和拐子龙。

住宅大门外石狮

住宅墙上狮子砖雕

　　狮子：性格凶猛，俗称兽中之王的狮子早就是佛教中的护法兽，传到中国后，它又成为守护大门的护门神兽了。建筑大门前一对狮子左右并列，右为足抚幼狮的母狮，左为足接绣球的雄狮，这样的布置已经成为固定的格式了。在宫殿寺庙前有独立的石狮，在普通住宅大门前，狮子都雕在门墩石上。有趣的是在民间，老百姓在逢年过节时，兴起一种舞狮子、耍狮子的活动，凶猛的狮子变得活泼可爱了，所以狮子不但具有威武的象征意义，而且同时还表现出喜庆的气氛。

石碑座下龟

影壁上龟背纹

门头上砖雕鱼纹

龟：龟为水生动物，但又能爬上岸来在陆地上呆一些时候，它不像鱼、虾一出水就不能生存。龟背长有硬甲，遇外界侵犯时，可将龟头和四肢缩至甲壳内以自卫。龟甲在古代常作占卜吉凶之用，并将所占事项和卜辞刻记在甲上，称甲骨文，成为早期文字和历史的重要资料。龟在兽类中属寿命较长的一种，很早就与龙、凤、虎并列为四神兽之一，所以龟具有神圣与长寿的象征意义。在砖、石材料的构件上，除了用龟作石碑的基座之外，很少用它的整体形象作装饰，而常见的是用龟背上的六角形，称龟背纹，作为装饰纹样。这种龟背纹相互连结在一起，常作为装饰的底纹出现在砖、石构件上。

莲荷与仙鹤

鱼：鱼作为装饰纹样出现很早，数千年前人类所使用的陶制品上就有鱼的形象。鱼具有较多的象征意义，鱼繁殖力强，象征多子多孙，在十分重视家族衍生的中国封建社会具有重要意义。鱼的谐音为"余"，无论福事、喜事都年年有余，户户有余，是人之所盼。所以鱼的形象经常出现在砖雕和石刻里。

鹿与仙鹤：鹿性温驯。鹿头上初生的鹿角称鹿茸，是名贵的药材，对人体有大补。鹿的谐音为"禄"，禄为古代官吏之薪俸，高官厚禄，象征着发财致富。仙鹤细脖、尖嘴、长腿，亭亭玉立。如果鹤头顶皮肤裸露，呈丹红色，则称"丹顶鹤"，形象更为优美。鹤在百鸟中属长寿者，所以有称人之高寿为"鹤龄"的。鹤与莲荷放在一起，取二者谐音有"和合美满"之意。

影壁上仙鹤

砖石雕蝙蝠

蝙蝠：颜色灰暗，白天躲在黑暗中，怕见光亮的蝙蝠只因为有个好听的名字，蝙蝠的谐音为"遍福"，寓意遍地是福，所以频频出现在建筑的装饰中，在门头、影壁的砖雕里常见到它们的形象，不过这种其貌不扬的动物经过工匠之手，其形象大大被美化了，有的简直像一只张开翅膀的花蝴蝶。

以上说的是动物，下面再看植物：

松、竹、梅：松树树身刚健、四季常青，永远挺立于风雪之中；竹身有节而腹中空，可弯而不可折；寒冬腊月，万花凋零，唯有梅花独放雪中。这三种植物的生态都包涵着人生哲理，它们象征着做人要挺立于危难之中而不折腰，为人要虚心、谦逊。所以古代士人将它们比作岁寒三友，植物中高品，在古诗、古画中经常出现歌颂松、竹、梅的篇章与画作。尤其是竹，古代出现了不少专擅于画竹的名家，他们借竹之形象表达出自身的人生理念与感悟。唐代诗人白居易在他的洛阳宅园中特植竹千竿，他曾对他的挚友说："曾将秋竹竿，比君孤且直。"（《酬元九对新栽竹有怀见寄》诗）宋代苏轼更酷爱竹，在《於潜僧绿筠轩》诗中说："可使食无肉，不可居无竹。无肉令人瘦，无竹令人俗。人瘦尚可肥，士俗不可医……"总之，这三种植物不但成了中国古代园林中不可缺少的品种，同时

砖雕竹与梅

影壁上的松、竹、梅、鹿、鹤与龟背纹

也是建筑装饰中常见形象，在砖雕、石刻中也经常有它们的身影。

莲：莲的根部称藕，生出叶称荷叶，开花为荷花，结出果实为莲子，所以又称为荷，俗称莲荷。明代著名药学家李时珍在他的著作《本草纲目》中对莲作过全面的介绍："莲，产于淤泥，而不为泥染；居于水中，而不为水没。根、茎、花、实几品难同，清净济用，群美兼得。""藕生于卑污，而洁白自若，质柔而穿坚，居下而有节。""薏藏生意，藕复萌芽；展转生生，造化不息。故释氏用为引譬，妙理俱存；医家取为服食，百病可却。"李时珍不但对莲从根、叶、花、果各部分作了生态的描绘和在食用、医用方面的价值介绍，还讲明了由于莲的生存过程符合佛教中人世辗转生生的世界观，因而使莲荷成了佛教的标志。同时更进一步地发掘出了在莲荷的生态中所蕴含的人生哲理。纯美的荷花产于污泥而不为泥染，居于水中而不为水没；根藕生于卑污而洁白自若，质虽柔而能穿坚，居于泥中而有节。这些都象征着人生的哲理，反映了人类道德观中的重要内容。更由于荷花本身所具有的形式之美，所以使莲荷在装饰中成为连绵两千年常用的题材，在石料的柱础、台基中经常出现。

牡丹：牡丹花在唐代盛产于都城长安，宋代以后又以河南洛阳之牡丹闻名于世。因为牡丹花朵密而茂盛，色彩艳丽，花瓣丰硕，品种繁多，每年春季，花开连片，故有花王之称，它象征着富贵与吉祥，在砖雕、石刻的装饰中常见到牡丹的形象。

卷草：是植物枝叶的一种表现形式，它是由随佛教传入的外来植物叶状纹样与中国传统植物纹样相结合而产生的一种程式化的植物纹样，它的形成过程

石雕莲荷

柱础上牡丹纹

在《雕梁画栋》一书已经有说明。卷草纹在砖雕石刻中应用较多，常组成连续带状作为边饰之用。

除动物、植物内容外，经常见的还有器物的装饰内容。

博古器物：博古意为博通古物，通今博古，这是古代文人的一种追求。古物有文人所用的笔、砚、纸、墨文房四宝，有文人所欣赏的古鼎、古瓶、各式盆景等。摆放和陈列这些古物的柜架称博古架。在一座宅第里或者装饰里出现这类博古架和博古器物也成为文人有渊博学识的一种标志。所以在一些石栏板、砖雕门头上常能见到它们的形象。

唐代卷草纹

砖雕博古器物

清代裕陵地宫中的佛教八宝石雕

　　佛教八宝：八宝即佛教的法轮、宝伞、盘花、法螺、华盖、金鱼、宝瓶、莲花，统称八宝吉祥。它们的形象常出现在砖、石的佛塔和地下的墓石上。

　　道教八仙：八仙为中国古代民间流传很广的神仙集体，他们分别出现在唐、宋时期，传至元代才形成为一个八仙集体，他们是身背葫芦、用灵丹妙药治病救人的李铁拐，酒不离口、形骸放浪不拘的道士钟离权，敲打筒板传教布道的张果老，能占卜算卦、为百姓预测吉凶祸福的何仙姑，身着蓝色破衫、手持大拍板、带醉踏歌的蓝采和，身带宝剑、斩蛟杀虎为民除害的吕洞宾，唐代文人韩湘子，以及宋代皇后之弟曹国舅。这八位仙人身份不同，既有被奉为道教全真教五祖之一的吕洞宾，有身居朝廷的国舅，也有帮助自己父亲卖豆腐的豆腐西施何仙姑，他们其中有文有武，有男有女，先后都入了道，成了仙，形成为道教八仙。这些仙人有的治病救人，有的能占卜算卦，有的为民除害，多与百姓生活密切相联，从形象到性格又各具传奇色彩，所以深受广大民众喜爱，在民间流传甚广。元、明时期一曲杂剧《争玉板八仙过海》说的是八位仙人应白云仙长之邀，渡东海去蓬莱仙岛赴宴，西龙王之子抢夺了蓝采和的玉制拍板而激怒了八仙，在东海之上大战龙王，龙王本具有揽天拢海之神威，但八位仙人临阵不惧，依靠团结互助，各显神通，终于战胜了龙王一家，取得胜利，最后还是如来佛出面让双方和解消仇。这一曲戏剧所表现的神话故事使这个神仙集体更加受到百姓喜爱，"八仙过海，各显神通"也成

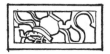
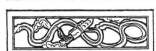

暗八仙图像

了有积极意义的典故和成语。这样，八仙的形象不仅经常出现在戏曲舞台上，也同时出现在各种民间艺术品上，自然也会出现在建筑的装饰中。但是建筑装饰和戏曲舞台不同，它受到建筑构件的限制，在小小的房屋构件上要雕刻出八位仙人的具体形象既费工又费时，于是聪明的工匠在实践中找到一种比较简便的表现手法，这就是用八位仙人手中经常带的器物作为他们的代表，即李铁拐的葫芦、钟离权的掌扇、张果老的道情筒、何仙姑的莲花、蓝采和的花篮、吕洞宾的宝剑、韩湘子的笛子和曹国舅的尺板。这八种器物所代表的八仙称"暗八仙"，暗八仙形象简单明了，易于雕琢，在砖雕门头和石牌坊、石栏杆上都可以看到它们的形象。

除动物、植物、器物之外，在装饰上还经常见到如下的多种内容：

人物：在砖、石装饰中，出现人物形象的有几种情况。一为佛教建筑，主要在砖、石的佛塔和石造经幢上经常用佛像装饰，包括菩萨、罗汉、金刚、力士等等，用这些人物形象加上佛教的八宝等纹样共同表现出佛教的内容。二是在一些地下墓

清代裕陵地宫门上佛像

11

山西侯马董海墓后室墓主人砖雕像

江苏苏州网师园门头砖雕人物

室内，例如帝王的石造墓室，一些讲究的砖造墓室里都可以见到表现佛教或表现墓主人生前生活的佛主和人物的浮雕或立雕。三是在墙壁上或门头上所表现的有情节内容的砖、石雕刻装饰中出现的人物像。例如广州陈家祠外墙上大型砖雕上所表现的梁山泊英雄好汉的人物群雕，苏州网师园砖门头上雕刻的戏曲场面中的文臣武将。四是在一些砖、石基座四角上的角神、力士像。至于在陵墓前神道两旁罗列的文武百官雕像，就不列入建筑装饰的范围了。

文字装饰：据现有资料，我国古代建筑上最早出现的文字装饰是在瓦当上。瓦当上出现的文字既有宫室名称，又有吉祥语，文字有少有多，匀布在小小的瓦头上，成为一种装饰。在建筑装饰上用的文字常见的有"福、禄、寿、喜"和"卐"字纹。"卐"本为梵文，是佛教如来佛胸前的符号，表现吉祥幸福之意。唐慧苑《华严音义》中记："卐本非字，周长寿二年，权制此字，音之为万，谓吉祥万德之所集也。"卐既含吉祥之义，又得万字之音，形象又易于刻造，自然成了装饰中常用之字，往往多成片地用于装饰的底纹，而且还把卐字上下左右相连，寓意万字不到头，吉祥无边无际。

维天降灵延元万年天下康宁

鼎胡延寿宫

右空

汉代瓦当上文字

砖雕万字纹

13

如意纹柱础

如意纹：如意本为人体挠痒的工具，一二尺的长柄，顶端作手指形，用在挠人体背部和其他部分的痒痒，用时方便，尽如人意，故称"如意"。后来把如意的顶端作成心字形、云纹形、灵芝形，形象得到美化，既不妨碍使用，又有吉祥如意之名，逐渐成了玩赏之物，而且也用到装饰里。在装饰中，如意的长柄变短，甚至取消长柄，只留下灵芝或云形的头以示如意吉祥之意。

云纹、水纹、回纹：云纹和水纹常用作龙、凤、鱼等装饰的底纹或陪衬之纹，从而表现出龙、凤遨游、飞翔于云水间，增强了题材画面的表现力，在宫殿建筑的台阶、栏板的石刻中经常可见到这类纹样。回纹可能自青铜器上的雷纹发展而来，它的纹样比较简单，构图自由，常成片、成长条带状地使用以作装饰面的边饰和底纹。

（二）在装饰的技法上，砖、石和木料相比，虽同样用的是雕刻手段，但由于木材质地相对松软，而石材坚硬，砖材虽不如石材坚硬，但质地松脆，因此在技法上仍略有区别。

宋代朝廷颁行的《营造法式》中有专讲石构件做法的部分《石作制度》，在这里记载了在石料上雕琢的制度："其雕镌制度有四等：一曰剔地起突；二曰压地隐起华；三曰减地平钑；四曰素平。"与当时的石刻实物对照，剔地起突就是石刻的形象可以自底面突起，没有高度的限制，即立体雕刻或称圆雕；压地隐起华就是在平整的石面上，将雕刻题材以外的地方凿去一层，对题材花纹进行雕刻时，花纹的最高部分不得超过石面；

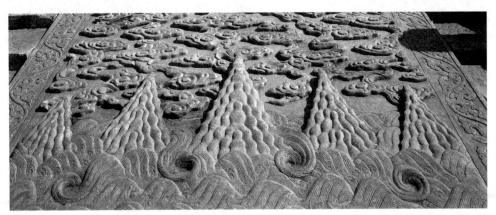

台阶上的云、水纹

砖栏杆上的回纹

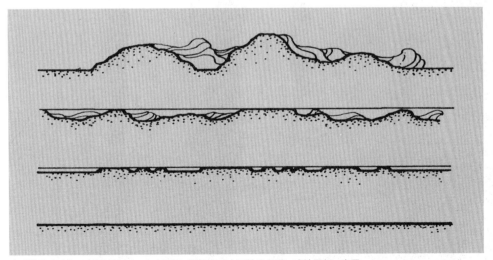

宋《营造法式》石料雕琢制度: 由上至下, 剔地起突、压地隐起华、减地平钑、素平

山东曲阜孔庙大成殿石柱雕龙

减地平钑也是把题材以外部分浅浅铲去一层作为底面，但对题材的加工只限于浅浅地用线条刻画，不作高低起伏的雕琢；素平是只把石面打磨光平，石面上不作雕琢。但既不作任何雕琢，为何又将它归入雕镌之制呢？所以根据对实物的考察，素平的另一种解释是在光平的石面上只作线刻装饰，没有其他高低的变化。这四种雕刻手法通俗地说就是高雕、深浮雕、浅浮雕与线雕。其实在大量现实的石刻装饰中，不少雕刻是介于二者之间，不好严格地归类。

在房屋各部分的石构件上应用哪一种或几种并用的雕法，这决定于构件本身的形状和所在的位置。大门门墩石上的石头狮子、栏杆的柱头和基座角上的角兽、力士自然都用高雕或立体雕刻。栏杆栏板、石碑碑边、须弥座上、下枋及束腰部分，多用浅浮雕。在建筑装饰系列的《雕梁画栋》中说到有一种盘龙柱，那是用一条木雕的龙盘卷在木柱子身上。现在也有石料制成的盘龙柱，例如山东曲阜孔庙大成殿就有这类盘龙柱，它们与木料盘龙柱不同的是柱身和盘龙联成一体，是在同一块石料上雕出来的，盘龙就是柱身上"剔地起突"的高雕。也有一种石柱子，剖面成方、六角或八角形，柱身上用线雕雕出各式花纹，远观柱身光洁，近看柱身表面满布花饰，显得细致而华丽。

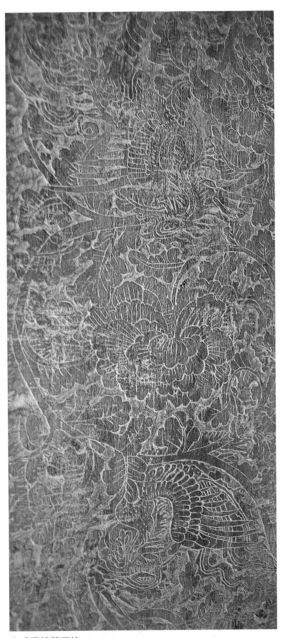

大成殿线雕石柱

17

山西分块烧制的砖雕影壁

　　砖质地脆弱，在雕琢时很容易破碎，所以砖构件上的雕刻多是在泥坯上进行塑造，进砖窑烧制成砖后，再进行一些细致的修整加工而成。如果是大型构件或装饰题材，如大型影壁壁身或壁中心部分的花饰，连续长条的栏板，都是在泥坯上进行雕塑成型，然后加以分割为若干小块，进窑烧制后再按原样拼合，贴在影壁外表组成为大面的砖雕装饰。

　　从整体看，由于材料质地的不同，砖、石雕刻不像木雕那样玲珑剔透。在建筑装饰系列的《户牖之艺》中看到的格扇窗，有的在万字纹组成的底面上又有两层建筑和人物的雕刻，在《雕梁画栋》中看到福建地区的房屋檐下垂花柱，里外多层的走马灯雕刻，像这样多层次的、透空雕刻的装饰在砖、石装饰中很少见到。但也有个别例外的作品，山西五台山龙泉寺的寺门前方树立着一座大型石牌坊，从牌坊的屋顶和梁枋，从檐下的垂柱到基座，甚至在戗柱上都满布着各种高雕的装饰，而且在雀替、花板这些构件上还用了透雕，看上去真使人眼花缭乱。

山西五台龙泉寺石牌楼雕刻

江苏苏州网师园门头砖雕

　　江苏苏州网师园内有一座"藻耀高翔"砖门头，在这里，屋檐下的斗栱，斗栱之间的雕花栱眼板，梁枋下的挂落，全部都用砖制作。门头左右两侧垂柱部位用了两组雕刻，雕的是狮子耍绣球，它们用的是立雕和透雕，凡是在木结构房屋上的木雕装饰在这座门头上都全部用砖表现出来了。

　　在介绍了砖、石装饰的内容和技法之后，我们可以进一步去观察与研究建筑各部分砖、石构件上装饰的形态，以及它们所表现的人文内涵。

第一章

屋顶砖瓦装饰

砖与瓦都是建造房屋的重要材料,砖的用处比较广,砌墙、铺地、造屋脊都用的是砖,而瓦只用在屋顶的表面,起到遮挡雨雪的作用。它们都是由泥土制成土坯,进窑经高温烧制而成,在这一章里,把二者合在一起论述。

瓦当与滴水

中国古代远在新石器时代(约前10000—前4000年)的仰韶文化时期就掌握了制陶技术,用黄土烧制出了碗、盆、罐等各种生活用具,但是用泥土烧成瓦用在房屋上还是在商代(约公元前16—前11世纪)晚期。那时,瓦只用在房顶的屋脊和天沟的位置,这对于"茅茨"屋茅草顶的防水性已经有很大的改进。根据考古发掘出来的早期陶瓦,可以得知西周(约公元前11世纪—前771年)中期房屋屋顶已经可以满铺陶瓦了。屋顶上成排铺砌的陶瓦,由仰瓦与覆瓦组成为一片不透雨雪的屋面。覆瓦有两种:一种是与仰瓦同形,只是仰瓦仰面在下铺在房屋的椽子或者屋顶之上,覆瓦伏面扣在两行仰瓦的上面;另一种是剖面呈半圆形的筒形瓦,称为筒瓦。筒瓦用灰浆固定,防水性能比较好,所以用筒瓦在屋顶中属比较讲究的做法。

一、瓦当

屋顶上成排的筒瓦,由上面的屋脊铺至下面的屋檐处,处于屋檐的筒瓦为了便于排水,不但把瓦头挑伸在外,而且瓦头作成封闭状,这种处于檐口部位的筒瓦称"瓦当"。从大量留存至今的周代、秦代、汉代的瓦当都可以看到,在这些瓦当的瓦头顶面上都雕刻有动物、植物等纹样,说明古人已经将这些处于屋顶檐口部位的容易受到人们注意的瓦头作为重要的装饰部位了。于是原为檐口部位筒瓦的名称"瓦当"变成为有装饰的筒瓦瓦头的专有名称了。

自西周至秦、汉留存至今的是中国最早时期的瓦当了。在这些圆形或者半圆形的瓦当上几乎都雕刻有花纹装饰。如果按装饰内容归类,总体上可以分为用文字装饰和用各

瓦当、滴水图

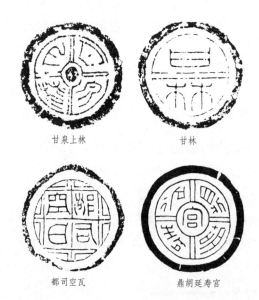

甘泉上林　　　　　　甘林

都司空瓦　　　　　鼎胡延寿官

建筑名称字当

种图画装饰的两类,前者称"字当",后者称"画当"。

字当:字当在早期的瓦当中占有相当的数量。字当中按文字的表述内容又可分为建筑名称、吉祥语和记事等几类。瓦当用于房屋屋顶上,所以瓦当上刻以该建筑的名称应该是惯用的一种方式。其中如"甘林"、"上林"、"建章"等都是汉代著名的宫殿名称。也有刻记官署、祠、墓之名的,如"西庙"、"万岁冢"等。吉祥语的特点是用简练的文字表达出人们美好的心愿。在瓦当上经常出现的有:两个字的"千秋"、"万岁"、"大吉"、"万世"等,四个字的"与天无极"、"富贵万岁"、"大宜子孙"等,也有字数较多的"千秋万岁富贵"、"常乐无极常安居"等等。记事瓦当当然只能记下一个时期的重大事件,如"汉并天下"、"单于和亲"等。除以上几类之外,也有少量特殊的,如有一块刻有"盗瓦者死"的瓦当,这应该属于工匠的一种即兴创作,它们只是少量的瓦,不会成片地用在屋顶上。

文字瓦当上的字数有多有少,从两个字、四个字到六七个字,目前发现最多的为十二个字,如"维天降灵延元万年天下康宁"、"天地相方与民世世永安中正"。无论字少字多都要刻画在瓦

千秋　　　　　　　万岁

延年益寿　　　　　安世万岁

吉语字当

汉并天下　　　　　单于和亲

记事字当

当头上。周、秦、汉时期的筒瓦直径多在14～20厘米之间，只有在陕西咸阳秦始皇骊山陵发现有马蹄形大瓦当，直径最大的达52～61厘米，由此也可推知当时骊山陵区建筑的巨大规模与尺度。在小小的瓦当上，一字瓦当好构图，一字居中四周饰以纹样即可；二字瓦当，或左右、或上下安排妥当即行；将瓦当一分为四，各放一字即成四字瓦当；文字再多，则需统筹设计，精于安排，或将文字匀布，或分组布局，其间饰以条纹。总之，在这小小的瓦当上这些文字的设置与组合也颇需功夫。瓦当上的文字，篆体、隶体皆有，这些文字先在陶土上雕刻，后经窑火烧制，其笔画的勾勒曲直，具有一种特殊的文字形态和艺术造型，它们和传统的印章一样，形成为一种专门的技艺与学问。

文字记载历史，文字传递思想。中国自从仓颉创造了文字，先后有刻在龟甲和兽骨上的"甲骨文"，刻铸在青铜器上的"铭文"，书写在竹片和木片上的"竹木简"，写在丝织品上的"缣书"和"帛书"，直至东汉的蔡伦发明了纸张，文字才得以大量书写在纸上。但是恰恰是书写比较方便的纸张和丝绸都不容易保存长存，只有早期的甲骨、青铜器和竹木简由于作为殉葬品深藏地下墓室才得以保存至今，为了辨认这些难认的甲骨文、铭文和竹木简，多少学者花费了几乎毕生的精力，他们辨认文字，从而研究文字所记载的历史，形成为一种中国特有的学问"金文学"。瓦当上的文字如果和这些文字相比，秦、汉时期的瓦当从时间上相当于甲骨文、铭文、竹简、木简和缣文、帛文的时期，从内容上看，瓦当文字十分简练，自然不能与上述几种文字相比，但它们仍记录下了当时的政治、文化等方面的信息，同样具有历史价值，所以很早也引起了金文学家们的注意。他们收集各类瓦当，辨认瓦当上的文字，研究瓦当文字的造型与布局。同一片汉代瓦当，被多位学者辨认，但得出"永受嘉福"、"迎风嘉福"和"朱风嘉福"的几种不同结论。瓦当上某一文字由于工匠在制作时用了不规范的简化和变体，或在文字编排上有了颠倒，或在一个字的书写上有了缺笔等等，都会引起学者的研究与争论。一时间瓦当文字也成为少数学者的一项研究课题了，在这里，小小一块瓦当的价值已经远远超过它们仅仅是房屋屋顶上的一块筒瓦了。

画当：即瓦头上刻有各种画像的瓦当，它在早期的瓦当中数量不少。画像的内容上有动物、植物、云、绳等等形象，它们或单独成画，但多数为

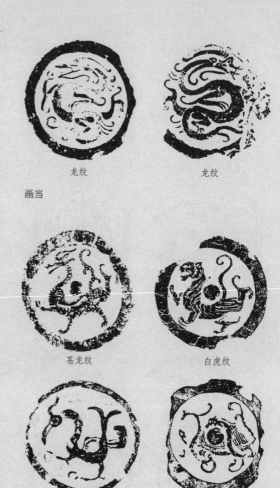

龙纹　　　　　龙纹

画当

苍龙纹　　　　白虎纹

菱凤纹　　　　玄武纹

四神兽画当

几种形象组合成画，其中以动物形象居多。在同时期的青铜器、墓室砖、石上所见到的饕餮纹、龙纹，画像砖、画像石上的虎、豹、鹿、雀等在瓦当上都能见到。中国传统中的四种神兽青龙、白虎、朱雀、玄武（即龟）也出现在汉代的瓦当上，只看到它们单独在一块瓦当上，还未见在同一瓦当上同时刻画四神兽的。其他如鹿、鹤也是瓦当上常见

子母鹿　　　双夔纹

梅花鹿纹　　　鹿纹

鹿纹画当　　　　　　　　　　　　　　　　　　植物画当

之物，同属鹿，还有单鹿、双鹿、子母鹿、梅花鹿之区别。植物中以树纹最常见，树干挺立，树枝向两边伸展呈对称构图。云纹除与动、植物纹组合外，也有全以云纹装饰的瓦当。

　　圆形或半圆形的瓦当面积都很小，要在这小小的瓦当上塑造出动物、植物等等的形象，需要对这些形象进行简化，这种简化是通过工匠对这些动、植物仔细观察，充分认识之后，进行艺术概括而完成的。现在我们看到的动物，有站立或奔跑中的鹿，奔腾呼叫的金钱豹，飞腾的虎与雁，蜷伏的多种神态的龙，这些形象虽然都是单面剪影式的，但它们不仅充分地显示出了各种动物的神态，而且还表现出了鹿、豹飞奔，虎、雁对

嬉的动态与力度。如果拿这些画当与秦、汉时期的铜器、墓石装饰相比，铜器上的装饰是铸造出来的，墓石上的装饰是刻画出来的，它们表现形象的线条多比较僵硬，而瓦当装饰是在泥坯上先进行雕塑而后进窑烧制而成，所以形象具有厚度与立体感。

　　瓦当只是建筑屋顶上的一个瓦件，但是在早期建筑极少留存至今的情况下，它们成了今人认识和研究古代建筑十分珍贵的史料。同时，瓦当上的装饰，不论是文字的还是动物、植物的形象，它们都在一定的程度上记录了一个时代的政治与文化，而且在形态上还具有与古代陶器、漆器上的装饰不相同的特征，因此与古代彩陶文化、青铜文化、漆文化一样，学术界也把它们称之谓"瓦当文化"。

莲花瓦当　　　　　　　　兽面瓦当　　　　　　　飞天瓦当

河南登封嵩岳寺遗址出土唐代瓦当

清代宫殿龙纹瓦当

唇形瓦当

随着古代建筑留存的增加，唐、宋、明、清各代屋顶瓦当留存至今的自然比早期要多。从已知的材料看，唐代、宋代的瓦当装饰以莲花纹为多。明、清代的建筑，以宫殿为例，无论是皇宫、皇陵、皇园，屋顶瓦当上的装饰都用的是象征皇帝的龙纹，不过它们都在泥坯上涂了一层釉，进窑烧制成为琉璃瓦了。只有在地方上的建筑，例如各地衙署、寺庙、祠堂、会馆等屋顶的瓦当上仍能看到各种动物、植物、云纹、山水等等的装饰。在农村建筑上，由于屋顶上多用仰覆板瓦而不用筒瓦，所以覆瓦的瓦头不是圆形和半圆形而变成平扁形的了，而且有的朝下，有的朝上，因为它很像人的嘴唇，所以也称"唇瓦"。唇瓦瓦当上的装饰各种纹样都有，而且在同一座屋顶的同一条屋檐上，并列瓦当上的装饰可以不止一种，由于屋檐高高在上，一眼望去，并不会因为瓦当上不同的装饰而显得凌乱。

滴水（上）双龙（下）寿字

二、滴水

滴水是铺在屋顶檐口处的仰瓦，它与一般仰瓦不同的是在顶端附有一块向下的瓦头，它的功能是便于排泄屋面上的积水，下雨天雨水自屋面的仰瓦下泻，到檐口时能够顺着这个仰瓦头滴至地面，从而保护了檐口下的结构，所以把这样的仰瓦头称为"滴水"。带有滴水的仰瓦称"滴水瓦"。滴水的形状大多呈上平下尖的三角形，为了美观，两边做成如意曲线形。

滴水和瓦当一样，多带有文字和其他画像的装饰，前者称"文滴"，后者称"画滴"。早期留存下来的滴水不多，从明、清时期大量的滴水看，它们的装饰也多种多样。宫殿建筑上的琉璃瓦滴水和瓦当一样，多用龙纹作装饰，只是由于滴水与瓦当的外形不同，所以用在上面的龙造型不完全相同。圆形瓦当上用的是龙身卷盘如团的"团龙"，而三角形滴水上用的是行进状的长条形"行龙"。在地方，尤其是乡村的各类建筑上，滴水上装饰内容就更丰富多彩了。浙江、江苏一带，常见的滴水上用寿字装饰，寿字居中，在两侧配以植物花叶。也见到在滴水上用龙作装饰的，左右一对龙中央一宝珠，组成双龙戏珠的画面，不过这种龙雕得比较粗糙。

屋脊与吻兽

中国古代建筑的屋顶为了便于清除雨水和积雪，多采用坡形屋顶，常见的形式有前后呈人字形的两面坡，其中又有屋顶两侧伸出房屋山墙之外的悬山和不伸出山墙的硬山两种形式，有向四面倾斜的四面坡庑殿式屋顶，有庑殿与悬山相结合的歇山式屋顶，还有六角、八角、圆形的攒尖顶。在屋顶上，两个坡形的屋面相交就产生了屋脊，几条屋脊相交就形成一个节点。在两面坡的屋顶如悬山与硬山式屋顶上，前后两坡面相交而产生的屋脊因为与房屋的正面平行，因此称"正脊"，与正脊垂直的屋脊称"垂脊"，在正脊两端与垂脊相交的节点称"正吻"。在歇山式的屋顶上，在垂脊的下半部有一段正面与山面两个屋面相交在平面上呈45度方向的斜向屋脊称"戗脊"。在这些垂脊和戗脊上都有小兽作装饰。在宫殿、陵墓等皇家建筑和一些重要的寺庙建筑上，屋顶的瓦多采用琉璃瓦，这些在屋顶上的脊与吻兽自然也都用的是琉璃构件，在大量住宅和一般寺庙、园林等建筑上则用的是普通陶瓦，那么这些脊、吻、兽也用瓦件制作。

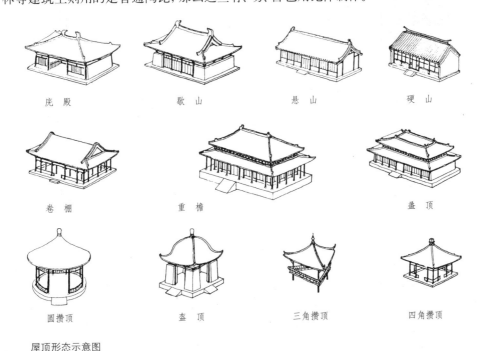

庑 殿	歇 山	悬 山	硬 山
卷 棚	重 檐		盝 顶
圆攒顶	盔 顶	三角攒顶	四角攒顶

屋顶形态示意图

河南南阳市杨官寺汉墓出土画像石
刻四层楼阁（《南阳汉代画像石》）

河北孟村回族自治县王
宅1956年出土东汉陶楼（高85厘米）
（《河北省出土文物选集》）

汉代画像石与陶楼的屋顶装饰

一、正脊与正吻

中国早期历史留存下来的建筑很少，所以只能从间接的资料中去认识当时房屋屋顶的脊与吻兽的形态。我们从秦、汉时期的铜鉴、画像石、画像砖和地下墓室中的建筑类明器上，不但可以看到当时房屋、楼阁的形态，而且也看到在这些房屋屋顶上的屋脊和在正脊两端的节点，在有的正脊上立着飞鸟形的装饰，说明当时工匠已经对这些脊和吻进行了装饰加工。我们再从明、清以来留存至今的大量建筑上可以看到各种不同的屋顶正脊与正吻形像，说明这种装饰经过近两千年的实践已经发展到很成熟的程度，其中宫殿建筑的正脊、正吻是其中最为突出的代表。

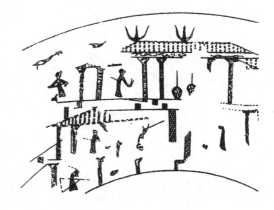

战国铜鉴上房屋屋脊装饰

北京紫禁城宫殿屋顶

北京紫禁城集中了明、清两代的最高
等级的宫殿建筑，在宫城中的太和门、太
和殿、乾清宫等建筑上，无论它们是歇山
还是庑殿式屋顶，它们的正脊与两端的正
吻都用的是同一种式样。正脊用几层线砖
叠加，最上面覆盖筒瓦，整条脊的外表除
有线砖的多层线脚之外别无其他装饰。
正脊两端的正吻是一种龙头形的装饰，龙
头张着大嘴咬着正脊，头上有翻卷着的龙
尾。所有这些构件与屋面上的瓦一样全部
用的是黄色琉璃瓦件，简单的正脊与龙形
的正吻使这些屋顶显得庄严而且华丽。

我们在这里讲的是房屋屋顶上的砖
瓦装饰，宫殿琉璃屋顶装饰自然不在论述
之列，但这种宫殿屋顶装饰的形态在其他
类型的建筑上，却有相当大的类同性，这
种现象至少在北方地区的建筑上是如此，

北京紫禁城太和殿屋顶正吻

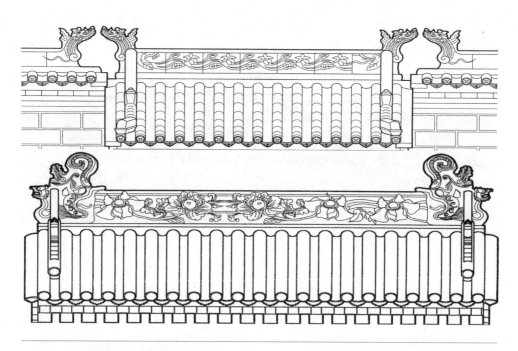

山西住宅院门屋顶正脊图

山西住宅屋顶

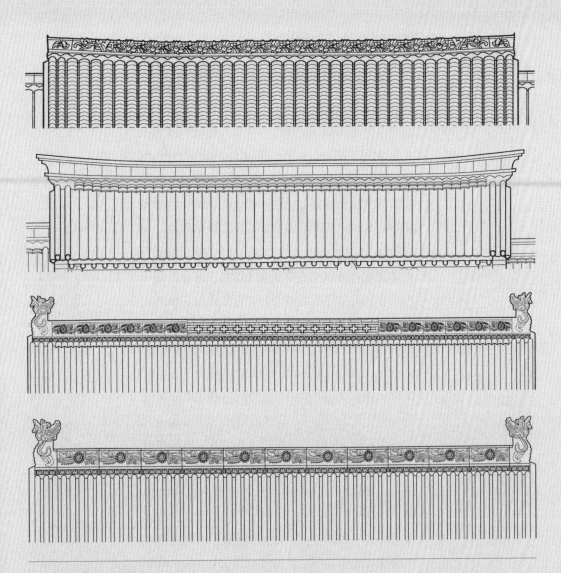

山西农村住宅屋顶正脊图

现在仅以山西为例来说明。

在山西的城市和农村除了寺庙、官衙等讲究的建筑屋顶用琉璃瓦件外,其他大量城乡的商铺、住宅都用的是砖瓦屋顶,连几座著名的晋商大院的建筑也是如此。纵观这些房屋两面坡的屋顶,长长的一条屋脊没有突起的装饰,但它们与紫禁城宫殿的正脊不同之处在于正脊上多数都带有砖雕的花纹作装饰,这些装饰都是在一块块的泥坯上雕出花纹进窑烧制成砖后,再在屋顶拼成长条的正脊。花饰内容多为植物的花朵与枝叶,相同的花饰左右相连成为带状的雕刻装饰。也有的在一条正脊上用两种不同的花饰呈对称式组织成条。在一些院门、碑亭的屋顶上,因为正脊很短,所以有的用一段完整的花纹作装饰的。在一座住宅院落的建筑群中,几幢房屋的正脊装饰并不一定都用同一种装饰,院落居中位置的正房正脊比两侧耳房正脊装饰要复杂一些,院落大门代表着一家之威望,所以有的院门顶的正脊也会装饰得花哨一些。

正脊两端的正吻,就装饰内容看,它们和宫殿建筑一样,都用的是龙头,但它们的形式并非像宫殿那样统一而出现许多变化。这里既有如同宫殿正吻那样的龙头,张着大嘴吞咬着正脊,龙尾向上翻卷;也有龙尾在下连着正脊,而龙头居上,背向屋脊仰望苍天的;更有吞含屋脊的和仰望苍天的二龙一上一下龙尾相联组成一座正吻的。这些正吻都由泥土烧成构件,小者单独一具,大者由若干块构件拼合而成,它们和正脊组合成完整的屋顶装饰。

《营造法原》（姚承祖原著，张至刚增编）是一本记录中国古代南方建筑式样及做法的专著，在这本著作中有一章讲的是"屋面瓦作及筑脊"，其中列举了房屋正脊的若干式样及做法，有游脊、甘蔗、雌毛、纹头、哺鸡、哺龙等多种形式。诸种样式中以游脊最简单，即以瓦斜竖排立于脊上不做其他装饰。甘蔗脊与游脊同一做法，但在脊之两端刷回纹，脊顶面刷一层盖头灰以防雨水浸蚀。雌毛、纹头、哺鸡的脊身亦用瓦竖立排列，但两端则需用瓦件、泥灰填高使两头翘起，做成雌毛、纹头、哺鸡的形象。纹头可用回纹等几何纹样，也可用植物花叶纹。在这里可以看到，这诸种脊的名称实际上就是正脊两端正吻式样的名称，在实践中可根据房屋之性质与大小而决定采用哪一种。简单的游脊和甘蔗脊多用于耳房与偏房；雌毛、纹头脊多用于住宅等普通建筑；哺鸡、哺龙则用于寺庙、祠堂之厅堂建筑。还有两种更复杂的即鱼龙吻脊和龙吻脊，多用于寺庙的殿、楼建筑上，它们的特点是正脊两端用龙头龙尾或龙头鱼尾作正吻，龙嘴张开咬脊，龙尾、鱼尾高高翘起，鱼尾还往后翻卷，极富动态。两吻之间的正脊高大，用砖与瓦拼合而成，有的用筒瓦拼成透空金钱纹，既增加美观，又可以减少对风的阻力，增加正脊的稳固性。

山西房屋屋顶正吻

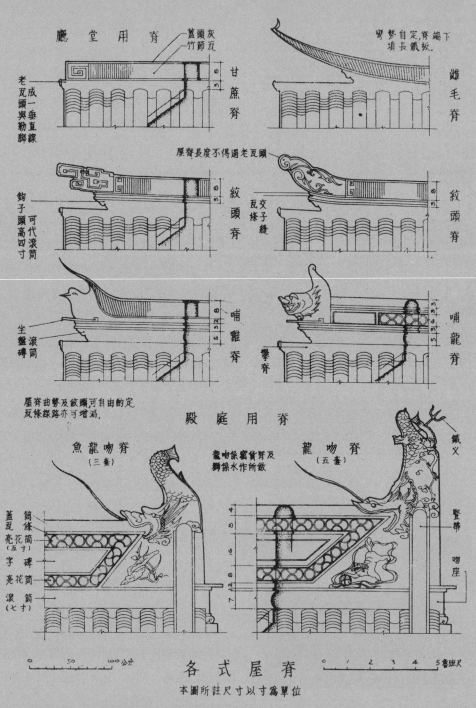

各式屋脊

本圖所註尺寸以寸爲單位

《營造法原》各式屋脊圖

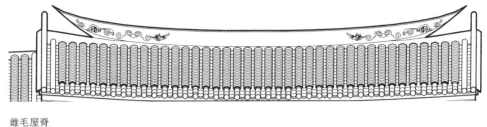

雌毛屋脊

纹头屋脊

绞头屋脊

　　在浙江、江苏、福建、广东等南方地区，从大量寺庙、祠堂、住宅等类型的不同建筑上的确可以见到《营造法原》里所列举的各式屋顶的正脊与正吻。其中有较简单的雌毛脊，有几何形、回纹形、花草形的纹头脊，也有坐在屋顶两端的哺鸡脊，更有在寺庙大殿顶上的鱼龙吻与龙吻脊，只是它们的形态比《营造法原》中所列举的更为多样而丰富。

哺鸡屋脊

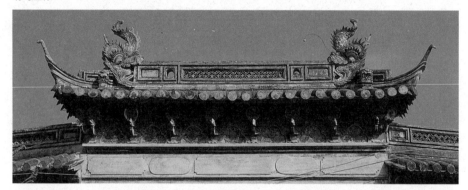

鱼龙吻、龙吻脊

正脊中央有宝珠装饰

正脊有双龙戏珠装饰

　　值得注意的是：在各地建筑的屋顶上，不仅正脊两端的正吻丰富多彩，而且正脊本身的装饰也多样化了。首先在一些寺庙的主要大殿屋顶上，长条正脊的中央出现了装饰，比较常见的是由多颗宝珠重叠而成，这种形式原先多用在佛塔顶部的刹杆上，有时宝珠上小下大相重叠，外形成为葫芦形了。用在屋脊上，中央宝珠的左右两侧各做了一条龙作装饰。两条行进中的龙，龙身覆在脊背上，龙头翘起，在宝珠两旁左右对峙，组成一幅双龙戏珠的场面。龙作为中华民族的图腾，象征着神圣与吉祥，所以不少佛寺的大殿上都可以见到这种双龙戏珠的装饰。在有的佛寺大殿顶上，正脊中央高高地竖起一座砖造的楼阁作装饰，两、三层的楼阁，每层的立柱、门窗、屋顶都雕刻得清清楚楚。上面讲到的双龙戏珠，使正脊上的装饰已经从中央向两侧延伸了，所以正脊上也逐渐出现了散点似的装饰，除中央的宝珠或者楼阁之外，在它们的两侧散点着小兽，它们蹲坐在脊上，每侧一个、两个或者三个，左右对称地匀布在正脊上。云南西双版纳傣族聚居

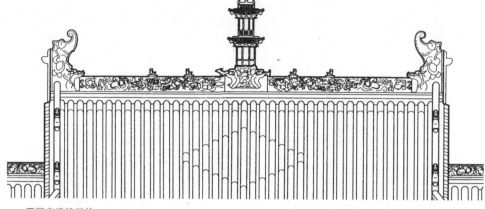

正脊有建筑装饰

正脊有散点式装饰

云南西双版纳佛寺大殿正脊

区奉行的是南传佛教，这些佛寺大殿多体型高大，屋顶正脊中央多有小型佛塔或者当地佛塔塔刹形的装饰，细高的造型竖在高高的屋脊上，形象十分突出，在它的两侧，有植物枝叶形的陶制小装饰整齐而密集地排列在正脊上，形成一种本地区佛寺特有的装饰风格。

二、垂脊、戗脊与小兽

在悬山、硬山和歇山式的屋顶上都有垂脊，它的位置在坡屋面的左右两侧，上端与正脊作垂直交接。垂脊上也多有装饰，中段有一个垂兽，它的造型与正吻相似，也是龙头形，不过不是龙嘴吞脊而是脸朝前用背顶住垂脊。在垂兽背后一般不再用装饰，而在兽前那一段的垂脊多有小兽作装饰。在北京紫禁城太和殿等宫殿建筑的琉璃屋顶上，这种小兽最多有九个之多，由前至后分别为龙、凤、狮、天马、海马、狻猊、押鱼、獬豸、斗牛，在龙之前还有一个骑在鸡上的仙人，按封建礼制的规矩，根据不同等级的殿堂房屋分别采用九个至一个，但多用单数而不用双数。这种规矩到了地方建筑上就不那么严格了，走兽的排列秩序，用走兽的多少，皆无定制，随意性很大，形象更多种多样。在云南南传佛寺大殿的垂脊上，垂兽跑到垂脊的顶端，形象像一只公鸡，挺胸扬脖，引吭高啼，颇具神态，在它的后面排列着一串植物卷草形的装饰。按正规的工程作法，硬山、悬山

北京紫禁城太和殿垂脊小兽

云南西双版纳佛寺垂脊装饰

式屋顶垂脊最前端仙人与垂脊作45度角，形成屋顶左右两边的仙人作八字形向两侧展开之势。

　歇山式屋顶两边也有垂脊，在前后两面瓦顶与山面瓦顶相交处产生两条比较短的屋脊，它们在平面上呈45度与垂脊下端相交，称"戗脊"。由于歇山式屋顶多用在比较讲究一点的房屋上，所以在这些垂脊与戗脊上多有装饰。垂脊除在下端有一垂兽外，多别无装饰，而戗脊却如悬山、硬山式屋顶上的垂脊一样，中段有垂兽，兽前排列着小兽。值得注意的是，在各地的寺庙、祠堂、会馆等类型的建筑群体中，凡属比较重要的殿、堂、楼、馆以及戏台之类多喜欢采用歇山式屋顶，它本身形象比悬山、硬山式屋顶丰富，又不像庑殿顶那样严肃，所以除歇山顶本身的造型外很注重屋顶上的装饰，而它的四条戗脊位置比正脊正吻低，又呈45度方向，所以便于观察，因此戗脊往往成了屋顶上装饰的重点部位。经过各地工匠在长期实践中的创造，这种装饰从内容到形式得到很大的发展。戗脊上的小兽从数目多少到兽类都无限制，可以用传统的龙、凤、狮、麒麟，也可以用鹿、马、羊、兔这些常见之兽。戗脊上也可以不用小兽，一条神龙蜷伏在脊上，或是用卷草、花卉组成整条戗脊；更有奇特的，主人将喜爱的文房四宝、山石盆景、瓷屏、时钟、水烟袋都放在戗脊上作了装饰。尤其是南方的建筑，屋顶四角高高翘起，加上屋脊上这些丰富多彩的装饰，成为建筑上一道明亮的景观。

各地佛寺脊上装饰（上）小兽（中）行龙（下）器物

攒尖宝顶

　　在中国古建筑的屋顶中，有一种攒尖式的屋顶，它的式样是在多面坡的屋顶上，几条屋脊自下而上交汇在顶端，这里没有正脊，顶端汇集在一点呈放射形的多条屋脊，都可以将它们视为垂脊，在这多条垂脊上的装饰和硬山、悬山式屋顶上的垂脊一样，中段有一只垂兽，兽前有小兽。这种攒尖顶适用在平面为正角形或者正圆形的建筑上，如正方、正六角、正八角等等，多数凉亭、楼阁喜采用这种屋顶，也有少数殿堂也采用，如北京紫禁城三大殿中的中和殿和沈阳故宫的大政殿都是用攒尖屋顶，前者为四方攒尖，后者为八角攒尖。在这里我们要观察和介绍的是这些脊顶端交汇成的结点。在汉代地下墓室发掘出来的明器中有不少平面呈四方形的楼阁，多层楼阁顶上是四面坡的攒尖顶，而在这类顶上就有张着翅膀的瑞鸟作装饰，这种经过装饰的攒尖顶称为"宝顶"。

　　在全国各地各类建筑上的宝顶形态万千，纵观它们的式样，也可以看到它们在造型装饰上的一些规律。

　　首先这些宝顶的形态与这座建筑本身的整体造型有关。北京颐和园昆明湖东岸有一座体量巨大的廊如亭，因为它是清代皇帝经十七孔大石桥去龙王庙上下轿子的地方，

北京颐和园廊如亭宝顶

颐和园谐趣园亭子宝顶

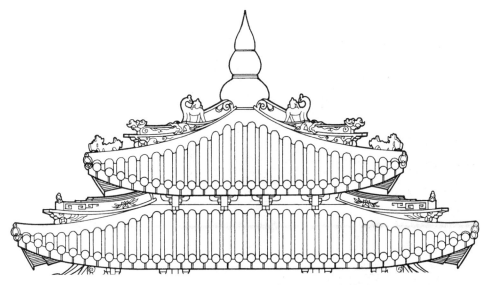
浙江永嘉岩头村凉亭

需要有众多大臣在此恭候接送，因此凉亭面积达两百多平方米，八角形的平面，内外三圈共四十根立柱支撑着上面的重檐八角攒尖顶，因此这里用砖烧制的宝顶造型也简洁而浑厚，其风格与巨大的凉亭及其屋顶相同。在同一座颐和园的小园谐趣园里，几座小亭散布在水池四周，相互有曲廊相连，四周绿树围绕，空间曲折，因此这些亭子屋顶宝顶或方或圆，整体为须弥座式，上下枋用仰覆莲瓣，束腰部分有雕花作装饰，近观显得细致而华丽，它们的风格比廓如亭的宝顶显得活泼，而与四周环境和凉亭本身造型相配合。

其次，屋顶宝顶的造型除了要与建筑本身的形式相匹配之外，还有其本身形态的塑造问题。浙江农村有一座凉亭，双重屋檐，屋脊平缓而舒展，四脊攒尖，顶上的宝顶为葫芦形，葫芦上下分为三段，它们高低、大小及外沿弧线均不相同，下大上尖相叠而成为三角形，造型敦实而不显笨拙。山西农村有一座高踞城墙上的凉亭，屋顶高峻，增添了凉亭居高临下的态势，其攒尖宝顶在总体造型上顺着高峻的屋脊而呈瘦高状，成为屋顶很自然的顶尖。而这瘦亭形的宝顶又作了多层次的分割，底部为莲座，其上为仰覆盆，盆上一只葫芦，高低相错，富有变化，顶上由葫芦尖作为结束。云南西双版纳地区的农村，几乎村村有水井，为了保护井水的清洁，一个水井一座水亭，水亭不大但顶上皆有攒尖宝顶，它们或做成多层亭阁，或为小塔，或为简洁的须弥座，但不论什么式样，在本身造型上都注意上下层次的高低错落，剖面尺寸的大小变化，从而各具神态，成为小小井亭很富有特征的装饰部位。

　　再次，这些屋顶上宝顶部分的装饰有的还包含着一定的人文内涵。新疆地区的伊斯兰教清真寺大多保持了阿拉伯世界伊斯兰教堂的形制，寺中有礼拜殿、教经堂和塔楼等部分。其中的礼拜殿因为要容纳众多的信徒，所以多采取砖筑造的圆形拱顶。塔楼用作召唤信徒前来做礼拜，所以称"唤醒楼"，由于伊斯兰教将这种召唤称为"念邦克"，于是唤醒楼又称"邦克楼"。邦克楼为圆筒形的塔楼，楼中有楼梯直通楼顶，顶上设有四周空敞的房间，寺中主持人即站在顶层向四周召唤信徒前来礼拜。塔楼顶上覆有拱顶，拱顶之上立长杆，杆上有宝珠和象征伊斯兰教的新月装饰。伊斯兰教建筑重装饰，邦克楼的顶层外墙上多用石膏花或小瓷砖拼出图案作装饰，窗上饰以花格，所以从整体看，邦克楼的顶层和拱顶共同组成为装饰的重点，而其中的宝顶只占很小和不重要

云南西双版纳农村井亭

山西阳城郭峪村小亭

的部分。这种既有形象之美又含伊斯兰
宗教特征的邦克楼顶不但成为清真寺的
标志,而且还被用在一些重要的墓室和
纪念性建筑上。新疆喀什市阿巴和加麻
扎(墓地)的大门两侧和主墓室四个角都
设有这种邦克楼式的角楼,而极富装饰
的邦克楼顶层又被端端正正地放在主墓
室圆拱顶的中央,成了墓室顶上端庄的宝
顶。在喀什的其他几座纪念建筑上也看
到类似的情况。

　　这些不大的宝顶经过古代的工匠之
手,各具风采而成为屋顶装饰中不应忽视
的部分。

喀什纪念性建筑屋顶

新疆喀什清真寺邦克楼顶

山花装饰

在古建筑装饰系列的《雕梁画栋》中，我们把悬山和歇山两种屋顶两头的博风板、悬鱼、惹草等构件放在屋顶部分中介绍，在硬山房屋中，原来的木制博风板等构件成了山墙上的装饰，所以尽管这些装饰是附在山墙上，在这里也将它归入屋顶的部分。

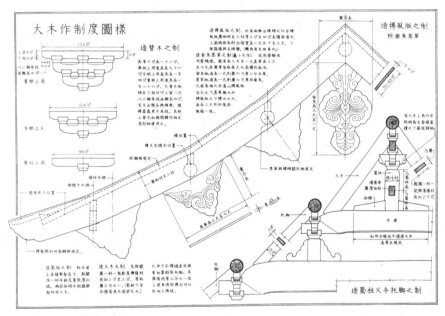

宋代《营造法式》博风板图

古代建筑如果用两面坡屋顶，在屋顶的左右两面，前后斜坡顶所形成的三角形部分称为"山"，这一部分多用雕刻、彩绘进行装饰，所以又称"山花"，建筑左右两端的墙因此也称"山墙"。在《雕梁画栋》一书中已经介绍了屋顶山面的博风板，这是为了保护悬山和歇山屋顶伸出墙面的檩木不受日晒雨淋而设置的构件。在盛产砖瓦的山西，可以看到一些房屋上这种博风板改为由砖制作了，一块块的方砖用铁钉钉在伸出山墙的木构件上，在博风板的下沿钉有几块花瓣形的砖制悬鱼和惹草，这种砖博风及悬鱼、惹草自然比木板更经久耐用。

硬山房屋山墙上的排山勾滴与博风板

山西房屋砖制博风板

在大量硬山式屋顶的房屋上，木梁架的檩木被封在山墙之内，本不需要博风板这样的构件，但是博风板却被当做一种装饰被留在山墙上了。它们的形式是用一块块方形或长方形的薄砖砌在山墙的顶端拼成人字形的博风板，在博风板和硬山屋顶上垂脊之间有一排瓦当与滴水，它们在这里并没有排除屋顶上积水的作用而成了一种装饰。瓦当是筒瓦前面的瓦头，又称勾头，这种排列在山墙头上的一排勾头与滴水，因而称为"排山勾滴"。排山勾滴的每一块瓦头上都有雕刻，它成为硬山山墙上一道显眼的装饰带。博风板的左右两端，像木博风板一样都进行了装饰，只不过这里木雕改成为砖雕，有几何形的图案，也有植物枝叶形，最讲究的为龙头。一只龙头张嘴瞪眼，嘴里还含着一颗宝珠，形态很生动。

有的博风板的下沿也附有悬鱼和惹草的装饰，它们也都是用砖制作贴在墙上。悬鱼位于中心，所以它们的形象比惹草复杂，大多数用卷草花纹组成。在有的山墙上，这种悬鱼离开了博风板而向下移动，成了山墙三角地带的一块独立的砖雕装饰。在一些房屋的山墙上，也看到在博风板的位置不用薄砖拼成博风板而代之以几道突出墙面的线脚，线脚中几条砖花，山墙上一块植物卷草砖雕，将山墙装饰得也很显眼。在这里，虽然这些装饰从形态到内容都来自木结构，但它们终究找到和应用了砖结构本身的方式。

房屋山墙上砖雕装饰

第二章

砖墙上装饰

中国古代建筑虽然以木构架为结构，但房屋的墙体，除了在少数地区用泥土或石料筑造外，绝大部分地区都用的是砖筑墙。由于中国建筑多以群体出现，喜采用四面房屋围合成院落的形式，房屋的正面都朝向院内，房屋的主要门与窗也集中开设在正面，因此一幢房屋的墙体大部分处在房屋的背面和左右两侧的山墙。这一章里要介绍的就是在这些砖筑墙体上的装饰。这里有地下墓室墙上雕饰、附在砖墙上的砖雕、墀头和廊心墙上的雕刻以及墙上的通气孔等。

画像砖

砖用在房屋上比瓦要晚一些，秦、汉时期的宫殿应该已经是用砖来筑墙了，遗憾的是这些地面建筑没有留存到现在，但却留下了深埋在地下的一批砖造的墓室。其中有一类墓室是采用大型空心砖砌造墙体和墓顶，这些砖的大小为长约1.2米，宽约

汉代画像砖

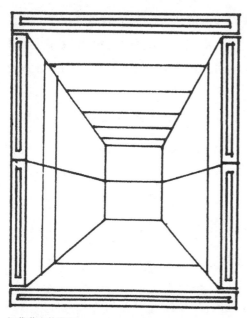

汉代墓室构造图

0.4～0.5米，厚约0.2米。在这些空心砖朝向墓室的一面多有砖雕装饰。这些砖雕所表现的内容有动物、植物和人物的单体形象，也有由人物、动物、植物等组合表现出当时社会生活的场景。在单体形象中以动物居多，这里有天上的朱雀与鹰、雁，有地上的马、虎、豹、犬，它们的形态多刻画得很生动。这里的骏马有昂首挺胸待命者，有勾起前腿跃跃欲奔者，有四蹄腾空、长嘶奋鸣、奔腾飞跃者。这里的朱雀有端步往前者，有拖着长尾、张嘴挺胸载歌载舞者。还有收蹄回首的猛虎、前蹄跃立的金钱豹、展翅翱翔的雄鹰，这些生动的形象都表现了汉代工匠对客观事物的观察力和艺术创造力。

汉代画像砖上的马、虎、豹

画像砖上的狩猎图

画像砖上的收割图

　　除了个体形象外，还有一些是反映当时社会生活场景的。这里有描绘工、农业生产的场面：一幅盐场的砖雕，上面雕有高高的木棚架，架顶上安着滑轮，轮上绕着缆绳，盐工手握缆绳从井底向上提出盐水，盐场上有捣盐、背盐的盐工和堆积的盐山，生动地描绘出盐场生产忙碌的场景。另一幅牧民狩猎、打渔的砖雕，表现了两位牧民或跪或仰身拉弓对着天上成群飞禽，水塘中鱼群在莲荷下游动，岸上捕鱼的鱼鹰在架上歇息待命。有农夫在地里播种、除草、收割，还有手提圆篮，给地里送水送饭的。有三位农夫手握镰刀，排列成行，他们是在劳动，又像是在舞蹈，动作划一，情感充沛。当然也有描绘娱乐场面的，两位达官贵人正襟危坐，近侧有操琴演奏者，前有击鼓和曳长袖而舞者。还有那一块块表现双人击鼓说唱、对刺、斗鸡、群舞的砖雕，用生动的形象，简洁的构图

画像砖上的盐场

　画像砖上的娱乐图

画像砖上的农耕图

画像砖上的游艺图

模印画像砖

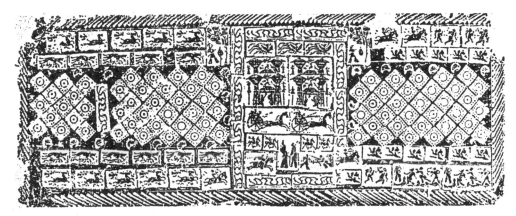

模印画像砖

表现了当时的民间游艺。

在雕刻技法上，单体动、植物和人物多用刀具在泥坯上刻画出它们的形象。也可以在烧成的砖表面用刀刻雕，因为主要用单线表现形象，因此称为"线雕"。也有在木块上雕出突起的形象线条作为模具，压印在砖坯表面。有一类墓砖表面用多样的形象连续组成成条或成片的装饰。这种用木模压制出来的，称为"模印"。不论是一个个刻画还是模印，因为都是用单线表现主体的形象，所以作者必须对刻画的对象有充分的认识和表达能力，才能够用简单的线条表现出它们的神态。对于那些比较复杂的场景画面则多用浮雕表现，在砖材进窑之前，在泥坯上用浅浮雕雕出场景，烧制成砖后再做些细致加工。墓砖表面带有这些画像，所以称它们为"画像砖"。画像砖不仅美化了墓室，而且为今人提供了两千年以前人物、动物、植物等诸多形象和社会生活的场景，使今人对当时社会政治、经济、文化有了具体形象的认识。这种大型砖材不但制作麻烦，而且用在墓室，尤其用于墓顶妨碍和限制了墓室的扩大，因此逐渐被小型砖所替代。小砖砌造墓壁，小砖发券成墓顶，小砖上不作雕刻，讲究的在砖面上抹一层白灰，在灰面上绘制装饰，但这不属于砖雕装饰的范围了。

墀　头

　　硬山屋顶的房屋，左右两侧的山墙伸出檐柱以外的顶端称墀头。从房屋的正面看，大部分为门与窗，墀头正处于正面的两侧，所以面积虽不大，但位置却很突出。墀头上下分作三部分，下为下碱、中为上身，上为盘头。下碱为山墙的基座，所以多用质量好的细砖砌造，讲究的房屋在下碱的正面用角石，在角石面上多有雕刻。上身部分全部用砖造。按清式作法，盘头部分又分为上下两段，下段用砖层层外挑，一层压一层，逐层挑出

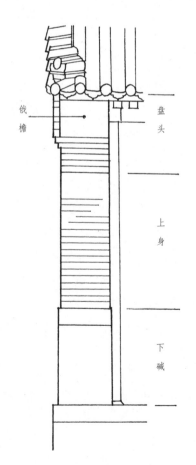

戗檐　　　　盘头

上身

下碱

　墀头图　　　　　　　　　标准墀头

山墙面之外；上段为一块斜置砖板，下端立于挑出的砖上，上端搭在屋檐下的连檐木上，称"戗檐板"。墀头的装饰除下碱部分的角石外，集中在盘头部分。常见到将层层挑出的砖做成连续的混枭线，有的还在表面雕以花饰。戗檐板上多雕有植物花卉，甚至有成幅的人物、动物与器物的画面。

　　以上是清式的标准作法，实际在各地多有差异。山西农村的一般住房上，把墀头盘头的上下两段倒置，戗檐板垂直放在下面，上面用砖层层挑出与屋顶檐口相接，在砖板和挑砖上分别布以砖雕。方形砖板中心为突出的团花，四周围以边饰；挑砖上均有雕饰层层相叠。面积不大的盘头，由于雕饰集中，效果也很显著。

　　山西晋商的座座大院，

山西农村住房墀头

65

山西大院住房墀头

连片的讲究砖房多有墀头，为了显示财富，当然很注意墀头上的装饰。大量实例告诉我们，这种装饰已经不局限于盘头部分而向下面延伸了。常见的形式是紧接在盘头之下有一段须弥座装饰，座分上下枋和中间的束腰部分，雕饰集中在束腰上。简单的是在束腰上雕出"福"、"禄"等字或夔龙纹样，复杂的是把这一部分雕成方亭，上有挑出的挂落和悬柱，下有栏杆，两根立柱间有的陈列鼎、瓶等器物，有的是一头狮子，狮子头还探出柱外。讲究的须弥座还把上下枋部分也做成工字形的小须弥座，表面有连续的回纹、卷草纹雕饰。这种须弥座式的墀头装饰几乎成了山西诸座大院山墙上的通用形式，它已经成为一个地区的地方风格特征了。

广州陈家祠堂厅堂山墙墀头上的装饰向我们显示了另一种风格特征。它的装饰由屋檐下的盘头戗檐板开始，一直往下延伸，上下分成几部分。其中以中段为主，上面雕着各式人物，分别站在门槛和楼台上；中段上下的小块装饰雕有植物花草或博古器物；最下端用丰满的团花砖雕作结束。这里的砖雕装饰在内容上有当地的洋式建筑和热带花、果，雕法上用起伏很大的深雕和透雕，从檐口向下充满山墙墀头的一半，这样的装饰不仅效果强烈而且富有地方特征。

广东广州陈家祠堂厅堂檐头

　　我国新疆地区的清真寺在相当
程度上还保持着阿拉伯世界伊斯兰
教教堂的形态，除了有圆拱屋顶和
尖券门窗等外貌特征外，外墙上喜
用满铺的石膏花纹或马赛克拼花作
装饰。伊斯兰教传入内地后，清真寺
逐渐采用了汉族的传统建筑，勾连
搭的卷棚顶代替了圆拱顶，墙上的
雕饰代替了石膏和马赛克小瓷砖的
装饰。陕西西安化觉巷清真寺就是
这样一座采用汉族传统建筑的礼拜
寺。为了表现伊斯兰教堂的艺术特
征，在寺内的礼拜殿砖墙上采用了
比较多的砖雕装饰，于是在大殿两
头山墙上出现了从上到下满布墀头
的雕饰。下碱部分为角石，上身与盘
头部分分作五块砖雕，最上端还加
了一层挑出来的倒挂楣子，上面的楣
心和垂柱、柱头都雕刻得很细。所有
这些雕饰内容按伊斯兰教规全部用
植物枝叶与花果的纹样，没有人物
与动物的形象。

陕西西安化觉巷清真寺礼拜殿墀头

廊心墙

一座有檐廊的房屋，两头山墙的里皮，在檐柱与金柱之间的部分称廊心墙，也称廊墙，因为它的位置在檐廊的两端，光线又比较亮堂，所以多加以装饰处理。廊心墙上下分为上身与下碱两部分，下碱部分多为普通砖砌不作雕饰。上身为装饰的重点部分，它的顶端分出一横条称"穿插当"，多用砖雕表现出近似梁枋上彩画的纹饰。其余部分可称为"廊心"，简单的用方砖斜砌，磨砖对缝，表面平整，具有一种简洁的形式美；也有用六角形的龟背纹砖平砌，在规整的形式美之外又含有长寿的意义。复杂的在廊心的中心和四个角上加砖雕装饰，常用龙、狮和植物花卉表现出一定的人文内涵。更讲究的是在廊心部分满布雕刻，用山水房屋、人物、植物组合成整幅画面。

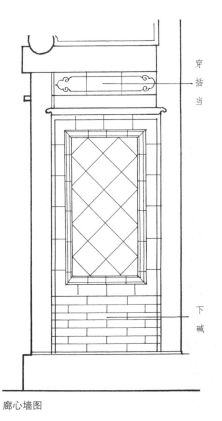

穿插当

下碱

廊心墙图

山西住宅廊心墙

青海平安清真寺大殿廊心墙

宁夏吴忠同心寺大殿廊心墙

在上节墀头中讲到的汉族地区清真寺，多在礼拜殿外墙上用砖雕装饰，在陕西西安化觉巷清真寺、宁夏吴忠同心清真寺和青海平安县清真寺都可以见到这类雕饰。这三处清真寺的礼拜殿都是汉族传统形式的建筑，大殿前均有较宽的檐廊，廊两端的廊心墙上均满布砖雕。西安化觉巷清真寺廊心墙，一面雕的是一株满挂果实的果木，树下土坡上有零星的花草与堆石，画面一侧还有题诗；另一面是柳树下水塘中有盛开的荷花、荷叶与莲蓬，画面一侧也有题诗。吴忠同心清真寺大殿廊心墙上顶端雕的是挂落，廊心分中央与两侧三部分，中央圆形画框内是一座博古架，架上陈列着书画、香炉、瓶、壶等器物，两侧一边是竹与石，一边为荷花、荷叶与莲蓬。墙的下碱部分雕成须弥座，座上也雕出回纹、卷草纹样。平安县清真寺大殿廊心墙上顶端有一排斗栱，廊心部分左右分作四条并列，形如格扇或屏风，

陕西西安化觉巷清真寺廊心墙

其上分别雕着凤鸟与牡丹，鹊鸟与花朵，瓶、果盘、香炉等器物。下碱部分亦为须弥座。纵观这三处清真寺大殿廊心墙的装饰，在形式上都采用密集式的布局，砖雕充满了整座廊心墙面。在所表现的内容上，多采用了汉族传统的具有象征意义的莲荷、博古器物，表达出汉民族传统文化的内涵，反映了伊斯兰文化与汉文化的融合。至于在青海平安清真寺廊心墙上有凤鸟、雀鸟的出现，明显地违背了伊斯兰教不许在装饰中出现动物的教规，这种现象在内地的清真寺中也是很少见到的。

墙上气孔

中国古代建筑尽管用木结构体系，房屋用木柱子承重，但房屋四周的墙体仍用砖砌造。在一些体量大的殿堂上，例如北京紫禁城的太和、保和殿，它们的墙体都很厚，殿堂四周的外檐柱多被包砌在墙体之内。这些砖墙在砌造过程中，用于砖缝之间的灰浆含有大量水分，为了避免包砌在墙体中的木柱子受潮气的侵蚀，工匠采取了多种办法：一是尽量使木柱子与砖之间保持一定的空隙，减少二者的直接接触；二是在墙内立有木柱子的地方，在砖墙上留一孔，以便排泄出墙内的湿气。这种通气孔面积不大，长约20公分，宽约10公分，位置在正对柱子的墙下方，有的在上、下方各开一孔以利于对流排潮。这种通气孔当然需要进行装饰，最简单易行的办法就是在孔上装一块有孔隙的雕花砖。在紫禁城的太和殿、保和殿，北京颐和园的仁寿殿都能见到这种通气孔。位置在大殿两头山墙的外面，正对着柱子，上、下各设一个，在通气孔上都有一块雕花的砖，雕的内容多为植物花卉与枝叶，梅、菊、牡丹、灵芝都用，少数也有用动物形象的。这些雕花的形象与构图都很自由，没有定式，相互之间很少有雷同的，但必须在花饰中留有空隙以便通风，空隙大小、多少都随意。由于这类装饰在技法上都采用深雕和透雕，所以其中的空隙都隐藏在花饰之中，不易觉察，使花砖保持了完整的画面构图。

北京宫殿建筑通气孔

墙上砖雕

这里讲的墙上砖雕是指嵌附在房屋正面或者背面砖墙上的砖雕作品，因为都处于显著的位置，所以从内容到技法都比较讲究。这类砖雕大体有两种形式：其一是附在墙上端檐口之下，作为整面墙体上的一种边饰；另一类是面积较大的整块砖雕作品。

山西晋商的几座大院都是一片砖瓦房屋，一座院落连着一座院落，经常是一幢厅堂背面的大片砖墙显露在院落之中，为了装饰这些墙面，常在砖墙上边沿着屋檐加一排砖雕，檐口有一排挑出墙面的砖雕倒挂楣子，下面为长条方砖拼成的梁枋，并用垂柱均匀分隔梁枋，上面附有砖雕，内容多为植物花叶和回纹，并有蝙蝠、文字等点缀其间。除了挑出的倒挂楣子之外，其余梁枋、垂柱、雕花都是用砖嵌砌在墙上，形成一层薄薄的装饰表面。

山西王家大院住宅墙上砖雕

山西住宅墙上砖雕

山西常家庄园住宅窗间墙上砖雕

　　房屋正面墙上的砖雕多出现在达官、富商的住宅，或者在政治、经济上有实力的家族祠堂、各地会馆等建筑上。山西灵石王家大院住宅大门两侧的廊墙上嵌砌着两块砖雕，上面同样雕着一株满挂松果的常青松树，一幅树下是一只奔走中的梅花鹿，另一幅树下是两只亭亭玉立的长脖子仙鹤。这种具有长寿、荣登仕途象征意义的画面自然表现了住宅主人的心理与追求。

窗间墙上砖雕

　　这种墙上砖雕不仅用在主要厅堂的墙面上，在山西榆次常家庄园的一座宅院里，两侧厢房的窗间墙上也都有这种砖雕。山西四合院住宅的院落多呈狭长形，纵深大，两侧的厢房进深小而正面长，它不像北京四合院房屋多用槛窗，在柱子之间设通开间的支摘窗，为了冬暖夏凉，这里多在两柱之间砌砖墙，在墙上开设门与窗，因此门窗之间相隔着一块块窗间墙。在讲究的住宅里，这些窗间墙上多有砖雕装饰。在常家庄园这座住宅厢房的窗间墙上每一块都有砖雕,它们满布在墙的上半部,高低与窗户取平。这些砖雕的内容多为具有象征意义的龙、松、梅和博古器物等;在画面构图上几乎都不雷同,在房门两则的两幅砖雕,远看几乎相同,都是中央由回纹组成框架,架上置瓶、炉等博古器物,四周有卷草纹相围,但细看又不一样:中心的器物即使同为瓶,但瓶的造型不同;同为果盘,但盘中果品也不相同;四周卷草的形态也各具特征。在技法上采用浅浮雕,一层浅浅的花饰贴附在墙面上,看上去比较细致。

广州的陈家祠堂集中地展示了砖雕、木雕、灰塑、陶塑等类的建筑装饰。在前面已经介绍了祠堂厅堂上的墀头砖雕装饰,这里要讲的是祠堂墙面上的几块大型砖雕装饰。砖雕位置在祠堂大门两侧厅堂的后墙上,后墙向外,正面对进入祠堂的来客。在大门两边后墙上各有三块大型砖雕形成为一组重点装饰。一组之中,中央的为主,宽达4.8米,高2米,两边的为辅,宽也有3米,高近2米。东墙上那块主雕雕的是"刘庆伏狼狗"的历史故事,有三十多位人物分置在厅堂楼阁之中;西墙上主雕雕的是《水浒传》中梁

广东广州陈家祠堂墙上砖雕

陈家祠堂《水浒传》人物砖雕

陈家祠堂"刘庆伏狼狗"砖雕

山泊的好汉聚集在聚义厅的场面，也有数十位人物聚于楼台厅堂之前。这两幅雕刻都应用浮雕、透雕、立雕等多种技法来表现出人物与环境的关系，使他们共处于多层次的空间环境里，有序而不乱。细观这些人物与建筑，数十位人物中有文臣、武将、主人、侍从，他们姿态不同，服饰有别，表情各异，都刻画得细致入微，楼台殿堂上屋顶的起翘与瓦垄，柱子的柱头，栏杆上的栏板与蜀柱，都雕刻得清清楚楚。在两幅砖雕的四周还围着一窄一宽两道边框，在较粗的边框上还雕有牛、羊、鸡、鱼等禽畜和人物、植物花草，它们的形象虽小但也很生动。

陈家祠堂墙上两侧砖雕

陈家祠堂砖雕局部

在两侧主雕两侧的次要砖雕上，一幅雕的是一群水禽雀鸟停息在松树、花丛和山石上，两边有书刻的诗词，另一幅雕的是一只长尾凤凰展翅飞翔，四周有花、树及停息在石头上的鸟雀相配，两边也有书刻的诗词。在这两幅砖雕四周都围有边框，尤其在下面的边框雕满了人物、禽兽，组成一座极华丽的支托。这两套一主二辅的砖雕分列于祠堂大门两侧的大面墙上，远观中央两幅主雕和主雕两侧的辅雕，大小、构图都相似，但近看不但所雕内容不同，而且连四周的边框，框上动、植物和器物的形象都不一样，工匠在这里充分发挥和展示了他们高超的技艺和自由活泼的创作思想。这六幅砖雕，尤其是中心两幅主雕，规模之大，人物之多，雕功之精细，在国内已知的房屋砖雕作品中都是很少见到的。

砖墙本体

　　上面讲的砖墙上装饰，包括画像砖、墀头、廊心墙、通气孔、墙上砖雕，都是通过雕刻手段而显示的，现在要讲的墙体本身所具有的装饰效果，这里包括砖表面本身所具有的质感、色彩、纹印，或者应用砖与石材、与墙表皮的灰面相组合而达到装饰目的。

　　安徽泾县一带生产一种表面带有水波、流云般印纹的灰色砖，用它砌出的墙面本身就具有一种形式美。有时工匠在平整的墙面上划出一部分，用带有同样花纹的方砖铺砌，更加显示出这种形式之美。

安徽泾县花砖墙面

福建泉州杨阿苗宅墙面

　　福建泉州的杨阿苗宅是一座规模大、装修很讲究的住宅，它的外墙用一种红色，表面带有少量墨色线纹的砖砌造。在两柱之间的墙面上，中央有一小窗，四周用墨色石材作边框。红色的砖墙面，配上墨色的窗和边框，远观具有很强的装饰效果，走近细看，红砖面上带有纹饰，窗户棂柱和边框石上还有植物、器物的线雕，表现出一种很细腻的装饰风格。

　　山东栖霞牟氏庄园是一座很大的地主宅院，宅内厅堂廊屋连片，在这些房屋上也是用墙体本身达到装饰效果，但它们的风格却与泉州杨阿苗宅不一样。这里房屋的外墙用砖与石料两种材料砌造。石材坚实，承重耐压，防水、防潮性能都比砖强，所以都用在墙体的下段作为基座。在它的上面即为砖墙，但在山墙的檐口挑出部分，有时也用条

石作挑梁，它在结构上比层层挑出的砖更坚固。有时在大面积的砖墙墙体中加若干道水平的石梁，可以加强砖墙的整体性。由于中国建筑采用木结构体系，房屋外墙一般不承载屋顶的重量，所以为了减轻墙本身重量和节约砖材降低房屋造价，有时用空斗墙砌法或者用质量较差、表面比较粗糙的砖材，再在这些墙表面抹以灰面，这就是常见的白粉墙。牟氏庄园房屋的墙体就是这样，在一面墙上同时有石、砖和抹灰的几个部分。多数是白色灰面在上，中间是灰砖，下面是米黄色的花岗石，从上到下，色彩由浅

山东栖霞牟氏庄园住宅墙面

山东栖霞牟氏庄园墙面

到深，质感由细到粗，看上去十分明亮也很稳重。有的将石基座墙以上全部做成白灰墙面，只在大门或者窗的两边因为要安装门框、窗框，所以用好砖砌造，露出两根灰砖的边柱。有的在整面山墙上用数道条石，大片灰砖中间闪出几道白石，显得十分醒目，也大大减轻了砖墙的沉重感。在这些墙体上，尽管所用材料也就是石、砖、灰这样几种，但由于石墙有高有低，石材表面有条纹粗细、网点大小的不同加工，白粉墙所占面积多少等等因素，再加上门窗上格纹的变化，门板上不同色彩的门联，使这些房屋也显得多姿多彩。它们虽然没有用雕刻的手段，看不到人物、动物、植物的形象，但它们所具有的装饰效果并不比那些雕刻装饰差。

牟氏庄园砖石结合墙面

第三章

砖栏杆与影壁

砖栏杆

　　建筑上的栏杆，一是用在多层房屋楼层的檐廊柱间，平台四周，有时在一层的檐廊柱间也用栏杆；二是用在屋顶四周的檐口，称为"女儿墙"；三是用在亭、榭一类建筑的柱间或露台四周，有时和坐凳相结合，称"坐凳栏杆"。栏杆最初皆用木料制作，但木材经不起日晒雨淋，容易朽坏，所以在房屋平台等露天位置的栏杆逐渐用石料替代了木材，出现了石栏杆；在北京紫禁城宫殿建筑群中还见到用琉璃砖砌造的露天栏杆，它不但不怕日晒雨淋，而且还能保持琉璃色彩的经久不变。

　　现在要介绍的是砖栏杆，这类栏杆大量出现在山西几座著名的晋商大院里。它们的位置一是在两层砖窑房二层的檐廊柱间或伸出的平台边沿；二是在房屋屋顶的四周边沿。前面已经讲过，这些地方用木栏杆当然不合适，用石栏杆一者石材太重，二者石

山西乔家大院厅堂砖栏杆

材从开采、运输到制作都费工、费时，所以在盛产砖材的山西地区，采用砖作栏杆是情理中事。它与石料相比，同有不怕日晒雨淋之优点，分量又较轻，易于运输与施工；同时砖材便于雕塑，大大有利于装饰；因此在几座晋商大院中集中出现了一批精雕细刻的砖栏杆并非偶然。

在宋代朝廷颁行的《营造法式》"石作"部分里，专门讲了"重台钩阑"和"单钩阑"两种形式的石栏杆，从这两种石栏杆的形制上可以看出，它们还是在相当程度上保留了原来木栏杆的形式，有相隔一定距离的蜀柱作支柱，有安在蜀柱之间的栏板，栏板之上有寻杖（即扶手），之下有地栿，甚至在栏板上还镂空雕出了木棍条的装饰。清代台基上的石栏杆尽管模仿木栏杆的部分减少了，但在蜀柱之间的整块石栏板上还是刻出了扶手和华板的形式。现在我们见到的这些砖栏杆，就其总体形象看，它们仍然保留了木栏杆的形制，即竖有蜀柱，横有寻杖与地栿，其间为华板，只是这些部分在这里

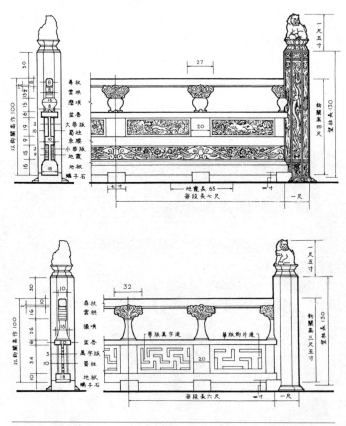

宋《营造法式》栏杆图

都是附在砖墙外表的一层装饰，它们不是栏杆上的有机的结构构件，因此也可以说此处的栏杆已经变成一道矮墙，所以也可以称它们为"栏杆墙"。由于栏杆墙位置在楼层平台或者屋顶的边沿，所以多有从墙头上挑出的椽子或者斗栱来承托，而且在栏杆地栿与出檐交接处多有一道花板作装饰。当然这些椽子、斗栱、花板都是由砖制成，它们与砖栏杆组成为一个整体。

山西住宅砖栏杆

砖栏杆局部

这批砖栏杆最精彩之处还在于它们的装饰，这里的装饰全部用砖雕表现。从总体布局看，装饰的集中处在栏板，在板上满布雕刻。其次在扶手上多在两端和中间加一些雕刻；下面的地栿因为不容易看到，所以多不施装饰。有的在华板与扶手、地栿之间留出一道空隙，在其上用花饰填充。处于栏杆与墙体之间的那道花板因为位于前沿很显目之处，所以也成了装饰重点，多数都用团花相联组成一道边饰。

这些砖雕的内容可以说完全是用传统的象征性形象表达出传统的礼教与儒学思想。在整块栏板上可以见到整幅的双龙戏珠，并列的鼎、香炉、花瓶、笔筒等博古器物，琴、棋、书、画和道教八仙的手中法器，也可以看到行走、歇息在花、树之间的凤、鹿等瑞兽，陈列在博古架上的盆景、果盘，还有植物花叶、葡萄仙果组成的画面。这些具有象征意义的形象用回纹、卷草组联在一起分别雕刻在栏板上，可以充满整块栏板，也可以分割为三幅或者四幅并列，而且相邻两块栏板上的雕刻也不完全相同，从内容到构图都很自由而多变。处于华板上下和沿边花板上的长条边饰，雕饰也很细致，有用卐字纹和寿字间隔相联的，而且每一个寿字都不相同，有用砖雕的石磬相联的。

在砖雕技法上，栏板上多用高雕、透雕技法，使主题突出，远观效果强烈；扶手、边沿花板上多用浅浮雕，使它们成为一道彩带，衬托出栏板上的主体装饰。经过这样的处理，诸座大院里的砖栏杆墙成为一道十分醒目的景观，古代工匠用他们精湛的技艺表现出了煊赫一时的晋商的财富与人生理念，为今人留下一批精美的砖雕艺术品。

影　壁

　　影壁是独立于房屋之外的一段墙体，它的位置在一组建筑群的大门外和大门内，面朝大门并与大门相隔一段距离。大门外的影壁多设在官府、寺庙、大宅第的门外，它有标明大门位置的作用，使过往行人避开。大门内影壁的功能是遮挡人们的视线，不让人一眼望到院内，从而能保持建筑内部的隐蔽与安静。根据这内、外影壁的功能，原来分别称它们为"隐"与"避"，合称为"隐避"，后来逐渐演变为"影壁"。影壁不论处于大门之外或之内，它们都是与进出大门的人打照面的，所以又称为照壁。

一、影壁形制

　　位于大门内外的影壁整日与进出的人们打照面，尤其是门内的影壁，它成为进大门

建筑大门外影壁

建筑大门内影壁

见到的第一景观，所以影壁的形象很重要，它也成为建筑装饰的重要场所。影壁既有了装饰作用，它的功能就被延伸了，它的位置也不仅限于大门的内、外了。于是影壁出现在大门的两侧与大门连成为一个整体，大大增强了大门的气势，这类影壁称为"撇山影壁"。影壁也出现在建筑的庭院里，成为供观赏的一座独立的装饰体。

影壁的大小决定于建筑群体及其大门的大小。北京颐和园作为一座皇家园林，在它的主要入口东宫门外的一座影壁

八字影壁

北京紫禁城乾清门

山西常家庄园大影壁

长达30多米；南京夫子庙大门前的影壁更长，它隔着庙前的秦淮河与大门相对；山西五台山佛光寺寺门不大，门前也没有广场，所以只有一座不大的影壁紧对庙门。

一座影壁太长，形象比较单调，有的将它们横向分为三段，中央长，两头短，成为一主二从，有的还把二从折向内，形成八字围合形，称为"八字影壁"。这种八字形也常用在大门两侧，北京紫禁城乾清门和宁寿门的影壁都是呈八字形连接在左右两侧，形成一座合围式的宫殿大门。这种门两侧加影壁的做法不仅在建筑群的对外大门，在住宅内院的门上也常见到。山西榆次常家庄园有一座规模很大的宅院，院落横向很宽，通向内院有两座垂花门并列，二门之间有一座一主二从的大影壁，在垂花门的外侧也各有一座影壁，所以在这座内墙上并列着一大四小共五座影壁，也可以看做是一座一主二从的大影壁加两座小影壁并列。

影壁是一座独立的墙体，绝大部分都由砖砌造。在宫殿和重要的寺庙里，为了让砖影壁与豪华的殿堂相配，影壁的表面满贴琉璃砖瓦，成了琉璃影壁，这种影壁不仅色彩华丽，而且能保持长久而不变色。也有用石材、木材造影壁的，它们都置于内院面对着大门，紫禁城后宫的宅院内有石影壁与木影壁，前者坚固但费工、费时，后者经不住日晒雨淋而遭损坏。在一

四合院住宅座山影壁

些普通的四合院住宅里，由于占地不大，房屋连接紧凑，所以大门内的影壁多附设在正对大门的房屋山墙面上，成为贴附在房屋墙上的一层装饰，称为"座山影壁"。

不论是单座影壁还是一主二从的影壁，或者是附在山墙上的座山影壁，它们都具有基本的形制。一座影壁好似一座房屋的墙面，可分为壁顶、壁身与壁座几部分，从上到下，组成一座完整的影壁。

二、影壁的装饰

影壁由于位置的重要而成为装饰的重点。影壁中装饰最华丽者当属北京紫禁城和北京西苑中的两座琉璃影壁，由于它们分别位于皇帝宫殿宁寿宫和皇园中寺庙的门前，所以在影壁上都用了九条神龙作装饰，故称"九龙壁"。壁身上九条神龙游弋于云水之中，具有封建帝王的象征意义。九条龙以及四周的云、水、山、石全部由琉璃砖拼合而成，色彩绚丽，成为古代影壁中的最高形象，但它们不属于砖装饰范围，在这里不做详述。现在要介绍的是砖影壁上的各种装饰，研究它们的形态、技法以及所表现的内容。

北方影壁

南方影壁

　　砖影壁的壁顶部分和房屋屋顶一样，具有屋顶面、屋脊、屋檐以及檐下的椽头、斗栱等部分，只是它们全部都由砖材制作。壁顶的形式根据影壁的重要性和大小分别采用庑殿、歇山、悬山和硬山几种形式，显示出等级的区别。正脊两端的吻兽、屋顶四角的起翘都带有地区的传统风格。例如山西房屋正脊上的背向朝天吼的龙头吻兽也用在这个地区的影壁上；北方屋角翘起的平缓与南方屋角的高翘在影壁上也同样存在，等等。

　　砖影壁的壁座部分几乎都用须弥座的形式，各地、各处壁座的区别在于采用须弥座的标准形式还是经过变异的形态，以及须弥座上雕饰布局和形态的不同。

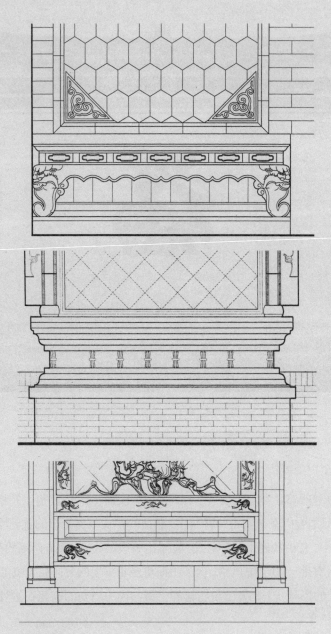

影壁壁座图

砖影壁装饰的重点在壁身部分，纵观各地影壁，在壁身装饰上大体可以分作几类手法：

一是利用几种材料本身质地、色彩的不同而达到装饰效果。在北京四合院住宅里，山墙上的座山影壁壁身的两侧用普通砖砌出两道边柱，在边柱之内用方砖磨砖对缝作出平整的素平墙面，通过二者之间的对比产生一种有秩序的形式之美。有的在边柱之间的墙面上抹以白灰照面，光洁的白色灰面与粗糙的灰色砖面所形成的对比具有装饰效果。如果在这些平洁的影壁前面置放一些盆景，例如一组堆石或几盆秋菊，或一缸睡莲，则形成的景观也是很动人的。

二是在影壁壁身上用少量色彩、泥塑、砖雕进行装饰。一些寺庙在大门前的影壁上书写寺名，例如山西五台山佛光寺，壁身的红色抹灰面上三个白色的大字；浙江杭州雷峰塔前影壁是黄色壁身，上面有四个白色方块，分别用红色书写"夕照毓秀"几个大字；江苏苏州寒山寺前影壁也是在黄色壁身方形白底上书写绿色的寺名；苏州虎丘冷香阁前的影壁是白色抹灰壁身，灰色方石上书刻蓝色的字。这些影壁上的字，既标明了寺、阁之名，同时又起到装饰作用，通过色彩的配置，还表现出或鲜明、或神秘、或冷寂的不同感受。

影壁壁身装饰

山西五台山佛光寺影壁

浙江杭州雷峰塔院影壁

江苏苏州冷香阁影壁

江苏苏州寒山寺影壁

云南大理有一种白族的住宅，由三面房屋一面照壁围合成四合院，当地称为"三房一照壁"。这座照壁位于正房的对面，宽度与正房相当，当地传统做法是一字形的大影壁，有的也做成一主二从分作左右三段的形式。壁顶为四角起翘的屋顶；壁座为简单的砖座；壁身全部为白灰抹面，只在屋檐下和左右两边有一道边饰。边饰比较宽，常见的做法是用条砖作几何形的分格，在这些不同形状的分格中施以彩色绘画或者浅浅的泥塑，内容有花鸟、人物、器物和山水风景，它们独立成画又相连在一起，组成为一道绚丽彩带镶嵌在白色影壁四周，显得分外鲜亮与活泼，它们形同白族姑娘一身白色衣裤上绣着的花色边饰一样，在苍山之麓、洱海之滨，映现出白族地区特有的一种乡土之美。

云南大理白族住宅影壁

也有用少量砖雕装饰壁身的。上海著名佛寺玉佛寺门前有一座影壁，土黄色的壁身，中央部用灰色条砖砌出一个正方形的边框，框中心放一处圆形砖雕，雕的是山石间两只大象在行走，一只大象背上还立着一个花瓶，瓶里插着三把戟，象征着"平升三级"。框内四个角上各有一处三角形的砖雕，都雕有三只仙鹤飞翔于祥云之中。在技法上中心处用高起的立雕，四角用浅浮雕，有主有次，重点突出。在总体效果上，青灰色的砖雕嵌在土黄色的光洁底子上，形象十分鲜明。

上海玉佛寺影壁

　　第三种装饰手法就是在砖影壁上全部用砖雕装饰，这是绝大多数影壁所采用之法。其中最常见的是在壁身的中央设置一块主要砖雕，四角配以辅助雕饰。中心砖雕或方或圆，雕刻的内容因建筑类型和主人意志而不同。在普通住宅里常用莲荷、梅花、牡丹等植物、五只蝙蝠捧一个"寿"字（五福捧寿），或者直接在壁身中央雕一个或写一个"福"字。在山西平遥县城里还见到一幅中心砖雕，圆形外围，下半部一座龙门，上半部一条鱼正飞跃过龙门，四周还满是水花，细看这条鱼的鱼头好似已经向龙头变异了。这是一幅"鲤鱼跳龙门"的传统题材，喻义着凡人通过不断努力可以升入贵人之列，这自然反映了平遥城晋商力争发迹的心态。北京颐和园和静宜园里各有一座宫廷建筑区的大门，大门为木牌楼式，两侧各有一座砖影壁，它们的壁身上也用的是中心加四角的砖雕装饰。中心部分是对角海棠叶的外形，里面有三条神龙游弋于祥云之间，龙身盘卷，构图紧密。四角分别以一条龙与云纹组成三角形砖雕。这几处砖雕都用起伏比较大的高雕技法，在平素的壁身上显得很突出。这里虽也是用中心加四角的普通形式，但由于采用了神龙主题，仍表现出了皇家御园的性质。

山西影壁壁身装饰

北京颐和园砖影壁

大量影壁的实例告诉我们，影壁作为一处重要的装饰部位，这种中心加四角的形式已经满足不了要求了，于是中心装饰越来越大、越复杂，四个角上的装饰也向外延伸成为壁身四周的边饰，最后发展成为满面壁身都布满雕饰。纵观这类装饰，它们的构图和所用技法也是因影壁所处地位和本身大小而不相同。现以砖雕工艺比较发达的山西省各处的影壁为例，来观察各种不同的装饰。在比较大型住宅的大门内多立有一座讲究的影壁，壁身上满布雕饰，这里有由远山、近水组成的画面，天上飞着仙鹤，水边堆石缝里长出果木，在画面的四周还有一道点缀着松、竹、花卉、飞禽的边框。这里也有七、八只禽兽在山石间追逐嬉戏的场面。在住宅内院门两侧的影壁由于体量小，则装饰内容比较简单，一边雕着宝石与翠竹，另一边则雕宝石与佛手。在一些讲究的厅堂建筑院落大门前的影壁上有用满壁身的刻字装饰的，山西祁县乔家大院里即有一座雕有一百篆体寿字的影壁，横、竖各十字，满布壁身，乌黑的砖面上雕着一百个金色寿字，具有一种庄重的装饰效果。

0   0.5   1   1.5米

山西砖影壁山水装饰

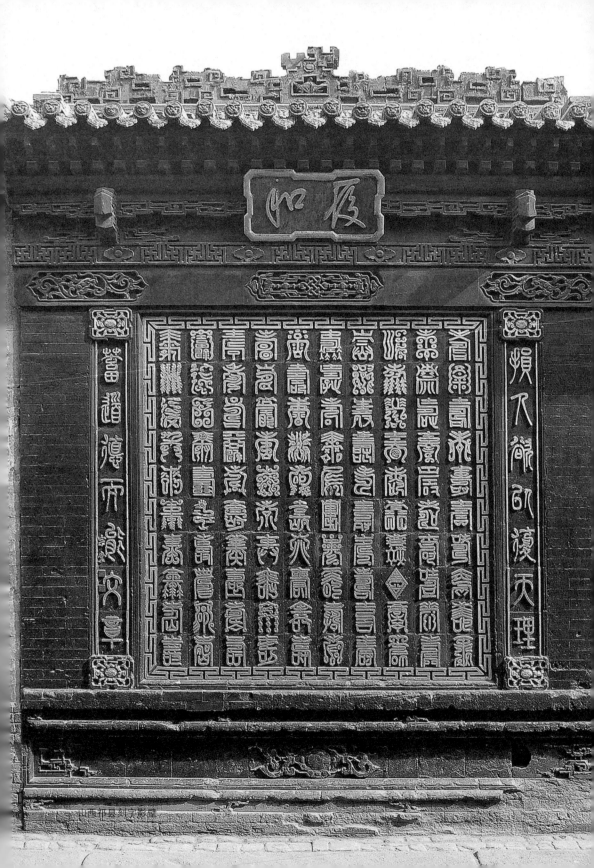

山西住宅内院门两侧影壁

在全国其他地区也有不少装饰精致的影壁。江西乐安流坑村有一座凤凰厅，迎着大门的影壁上雕着两只长尾的凤凰栖立在宝石之上，昂首望着天上的太阳，四周还有仙鹤、鹿、猴、鸳鸯、雀鸟与之相配，组合成一幅"丹凤朝阳"的画面，与建筑厅堂之名相符。甘肃临夏县有一座影壁，壁身上雕出一座博古架，博古架后面有一层砖雕的卍字纹作底，架上陈列着香炉、花瓶、盆景、笔筒、笔架，还有成套的书函，所有这些器物都用立雕雕出它们准确的形态，连香炉身上的花纹、瓶中插的植物枝叶与花朵、笔筒中的毛笔、打开书页上的字体都刻画得很细致。在中心砖雕四周外围还有圈边框和边饰，边框由六角形的龟背纹细砖拼合成平整的表面，在它外面的一周圈边饰用雕刻得更细的透空卍字纹作底，上面散布着植物花卉、双龙戏珠等等砖雕卡子花。墨色的砖面和雕刻，只有书函上的字体和瓶上的装饰闪出金色，从雕刻内容到色彩配置都表现出文人的书卷气，整幅砖雕从整体布局到形象之刻画都表现了当地工匠高超卓越的技艺，使之成为砖影壁中难得见到的极品。

以上介绍的是单座的一字形影壁的装饰，现在把视线转到八字影壁这类由多座一字形影壁组合成的较为复杂的影壁。从装饰布局来看，中央的主影壁装饰要比两侧的复杂而讲究。山西榆次常家庄园有

江西乐安流坑村凤凰厅影壁

甘肃临夏县砖影壁

山西常家庄园敦仁府影壁

一座"敦仁府"的大门外影壁，一主二从，两侧小影壁向内撇形成八字形环抱着门前的场地。中央主壁壁身上用梁枋和立柱组成为一个开间，梁柱间上有雀替，下有挂落垂下，柱间中央雕着一组湖石，石间留出空穴，不知是否为供奉土地神位之处，因为在农村住户的门内影壁上常见有土地神的龛位。从总体看，这座主影壁采取的仍属中心加四角而非满堂布局的装饰方式，但在这里注重的是砖雕内容的充实与雕功之细巧。细观影壁上下的雕刻，屋脊上满布雕花，两头两只龙头昂天长吼；壁身上端"敦仁府"横匾正居中央，两侧的雀替上雕着草龙；梁枋上用浅浮雕表现出彩画，枋子中央还雕着"福禄寿喜"四个篆字；梁下用回纹组成的挂落间点缀着书函、瓦罐、盆等博古器物；立柱两侧还雕出几根修竹；连柱子上梁枋的出头，在很小的枋子头上还雕出植物卷草和博古架和架上的器物。可见工匠在这里确是下了工夫的。两则的八字影壁、身上只有字碑一块，上面书刻着孝亲、勤俭、容忍等内容的主人家训。简洁的小影壁很好的辅衬着中间的主壁。这座八字壁还有一个特殊之处，即在影壁之后连着一座廊屋，廊屋以影壁作墙，左右三开间与三段影壁对应，廊顶与小影壁同高，正脊连着正脊，连屋顶的博风板也左右砖木相连。它们组成一座壁廊结合的特殊建筑。

上海松江县原城隍庙前的一座影壁形体也比较特殊，它体量大，面宽13米，高近5米，左右分作三段，中段高，两侧略低，但壁身与中央部分取平而不向前折，壁底为砖砌须弥座，贯穿主从三座影壁。中段影壁壁身满布砖雕，雕的是一只头有角、身有鳞、狮尾、牛蹄的巨型怪兽，兽身上方覆盖着大树，树上树下有猴、鹿、牛等禽兽活动，枝叶间有如意、灵芝、宝瓶，构图十分紧凑。但在左右两侧的壁身上却只用条砖在白粉墙上围划出一画框，框内中心和四角有小块砖雕装饰。这种朴素简洁的装饰围护着中央影壁上的大片砖雕，不但突出了中心的装饰效果，而且使这座大型影壁减少了呆板与沉重之感，这是一座具有江南地方建筑风格的影壁。

上面提到过的山西榆次常家庄园中一座并列着多座影壁的宅院内门，由于内院宽广，在内院墙上左右并列着相同的两座垂花门，在门的两侧各连着一座影壁。同时在院墙中央位置又有一座影壁，左右与垂花门一侧的影壁相连，于是组成了二门五影壁并列的局面。当然也可以看做只有中央的一座影壁，垂花门两侧只是一段附有砖雕装饰的院墙。但在这里要研究的是这多面影壁或者院墙上砖雕的布局与相互关系。首先看中央影壁，装饰的布局为中心加四角，底面满铺钱纹砖雕，中心为阴阳太极图，四周围着八卦。阴阳五行和八卦是中国古代对客观世界的一种认识，并应用八卦选择房屋基址，

上海松江城隍庙影壁

测算人间祸福，所以在民间住宅大门上常见挂有或画着阴阳太极、八卦的图像，具有吉祥与避邪的作用。在壁身四角各有一处卷草纹砖雕，壁身两侧书刻着一副对联，写的是"拥林万亩眼底苍浪方悟种德若种树；存书万卷笔下瀚海才知做文即做人"，表露出主人对人生的感悟。再看左右四座墙上的砖雕，它们都像是一座放在厅堂内的屏风，大小相同，外形远看几乎一样，都是下面三层基座承托着上面的屏风扇面，但细观之，则各部分雕刻内容都不雷同。以高低大小、上下分割皆同的基座而论，靠近中央影壁的两座外围以回纹相护，而外侧的两座则以卷草龙纹相拥；三层基座上由回纹或卷草纹组合成的装饰都互不雷同，其间用蝙蝠或博古器物或文字点缀，无一定之规。在四幅屏风上，分别雕着莲荷、青竹、仙鹤，花与石景、松树、梅花与宝石，花草石上坐卧着一只猫。猫的谐音为耄，人活八九十岁称"耄耋之年"，因此猫有长寿之喻义。一道内院墙两座垂花门，并列着一座影壁四段短墙，或者称一大四小五座影壁，通过工匠细心的雕刻装饰，这道院墙不但有悦目的外观，而且表达了诸多的反映一个时代的社会意识和主人的人生理念。

山西常家庄园砖影壁装饰

山西常家庄园砖影壁装饰

第四章

石柱础与门枕石

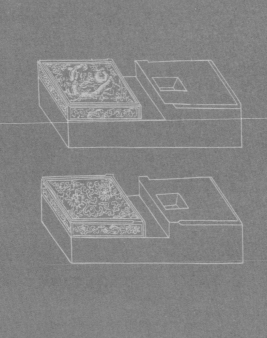

石柱础

中国在新石器时代的仰昭文化与龙山文化之间的时期，即在一万年至四千年前，在当时房屋的遗址上，就发现在室内木柱的底部有扁平的砾石相垫，这可以说是迄今发现最早时期的石柱础了。它们的作用一是可以使柱子落在比较坚实的石料上，经过柱础将荷载传至土地；二是可以避免土地的潮湿直接侵损木柱。河南安阳是古代商朝都城所在地，考古学家在这里的宫室遗址上发现许多房屋的基址上都残留着排列成行的石柱础，这些础石多选用直径在15～30厘米的天然卵石，并且将卵石比较平的一面朝上承托着木柱，这说明远在三千多年以前，中国工匠已经很自觉地在木柱子下面安放石柱础了。

秦、汉两代封建王朝都在都城咸阳、长安建造了庞大的宫殿建筑群，可惜宫室已毁，只能从文献记述中知道昔日的辉煌。东汉班固在《古都赋》中描绘当时长安汉宫建筑是"雕玉磌以居楹"；张衡在《西京赋》中也有对宫室"雕楹玉碣，绣栭云楣"的描绘；磌和碣都是柱下础石的古称。玉为石中精品，质坚硬，古代多将玉加工为高贵饰物，古代也将洁白美石称为玉，所以文人笔下的玉磌、玉碣并不一

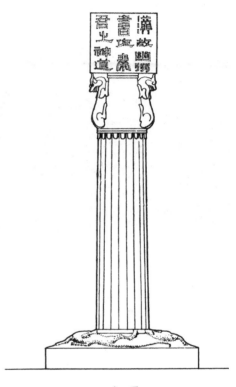

立 面

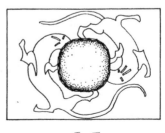

平 面

北京东汉石柱图

119

汉代虎形石柱础

定是真将玉作柱础，只是说明这些宫室柱础石的精美程度。留存至今的几件实物值得注意：一件是北京郊区东汉秦君墓前的一座神道石柱，柱下有一块方形础石，石上雕着老虎围着石柱头相互对视，形象很生动。另一件是汉墓中出土的一块柱础石，上面雕着一只老虎盘身围绕石柱，方楞形的虎头，长长的虎尾，造型很简练，却表现出了老虎勇猛的神态。老虎是中国土生土长的野兽，性凶猛，俗称兽中之王，很早就被人所敬畏，与龙、凤、龟并列称为四神兽。它们的形象被雕塑在瓦当上，成为重要宫室上的专用瓦。在砖、石为结构的汉代墓室中，虎的形象也常见于画像石和画像砖上，所以用虎作石柱础上的装饰是在情理中事，它具有一种威严和力量的象征意义。

两晋、南北朝时期，留存至今的有南京梁萧景墓的墓表，在这座石墓表下方的方形柱础上雕着两只螭，头对头、尾接尾地环抱着柱身，它们的形态与汉代秦君墓神道柱下的虎十分相像。山西大同北魏时期司马金龙墓帐柱下的石础，满雕着动物与植物的形象：中心两圈莲瓣，行进在云水中的神龙，四个角上的人物，还有雕在方石边上由卷草组成的边饰。唐代是中国封建社会的盛期，中国建筑也发展到一个高峰，但遗憾的是当

江苏南京梁萧景墓表柱础

山西大同北魏司马金龙墓帐柱础

121

年的宏伟宫室、著名寺庙均已毁坏无存，留存至今的地面上建筑除佛塔之外，已发现的只有山西五台的佛光寺和南禅寺两座佛殿了，而且这两座殿在当时只是地方上普通的佛寺，远不能反映唐代建筑的成就。在佛光寺大殿的木柱子下见到的是用莲瓣装饰的柱础，在江苏南京栖霞寺舍利塔的基座和陕西西安大雁塔门楣石刻的建筑上也见到莲花瓣的装饰。佛教以莲花为喻，因此佛寺、佛塔上用莲瓣作装饰已经成为当时常见的现象了。

宋代的《营造法式》在"石作"的部分里专门对石柱础的形制作出规定："造柱础之制，其方倍柱之径……若造覆盆，每方一尺，覆盆高一寸；每覆盆高一寸，盆唇厚一分。如仰覆莲华，其高加覆盆一倍。"这是当时对柱础的形制进行总结归纳的结果，首先规定柱础大小相当于木柱直径的一倍，这就保证了柱础能够把柱子承受的荷载均匀地传至地面，并且使柱子不接触土地。覆盆和盆唇都是柱身和方柱础石之间的过渡部分，它们在结构上并无多大作用，但是在视觉上看上去不会感到二者相接处的突然与生硬，使柱础整体造型更显细致而完美，而且正是这一层覆盆成了柱础石上装饰的重点。

关于柱础上的装饰，在《营造法式》的相应条目中也有规定："其所造华文制度有十一品：一曰海石榴华；二曰宝相

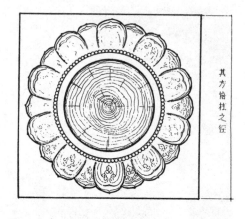

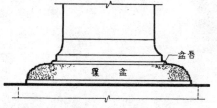

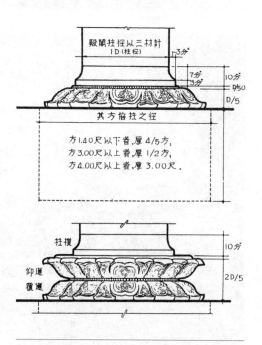

宋《营造法式》柱础图

宋代石柱础（上）铺地莲花（下）仰覆莲花

华；三曰牡丹华；四曰惠草；五曰云文；六曰水浪；七曰宝山；八曰宝阶；九曰铺地莲华；
十曰仰覆莲华；十一曰宝装莲华。或于华文之内，间以龙凤狮兽及化生之类者，随其所
宜分布用之。"以上讲的是雕刻装饰的内容，在雕刻工艺技法上也有规定："如素平及
覆盆，用减地平钑、压地隐起华、剔地起突；亦有施减地平钑及压地隐起于莲华瓣上
者，谓之宝装莲花。"这里讲的减地平钑、压地隐起和剔地起突相当于浅平浮雕、浅浮
雕和高雕、圆雕；素平有两种解释，一为刻画在石面上的线雕，一为不作雕饰保持石面
的平整。法式中所列举的十多种雕刻花纹和各种雕法，在宋、辽、金时期留存下来的柱

石柱础（上）覆盆式（中）覆斗式（下）圆鼓式

础上多数能够见到，其中以牡丹花和莲荷花居多，尤其莲花，有把覆盆雕成莲花瓣形式的，称"铺地莲华"，有把两层莲花瓣一仰一覆上下相叠的称"仰覆莲华"，有在莲花瓣上再加雕饰的，称"宝装莲华"。

元、明、清各代留存至今的建筑很多，它们的柱础也更多，以下分别从柱础的形式与柱础装饰两方面予以介绍与分析。

一、柱础形式

宋《营造法式》和清朝工部颁行的《工程做法则例》分别在总结一个时期建筑实践的基础上对建筑从形制、做法，到用工、用料各方面做出了相应的制度与规定，但是纵观各地建筑，在封建社会各地相对封闭的情况下，很难做到这种工程制度上的统一，其结果是各地区、各民族各具地方特征建筑的大量出现与并存。这种地方特征不但表现在建筑的总体形象上，同时也表现在结构、构件和局部的做法与形式上，其中柱础也是如此。宋《营造法式》所规范了的柱础形式只能在皇家宫殿或官式建筑上有所体现，但通览各地建筑的柱础，它们的形制远远超出了法式的制度。那么在这些千姿百态的柱础中，是否在形式上尚可归类，还可以总结出几种常用的形制呢？

石柱础（左）基座式（右）复合式

前面已经说明柱础的功能，为了把立柱所承受的荷载均匀地传至地面和阻挡土地潮气不直接损坏木柱，所以"造柱础之制，其方倍柱之径"，因此可以说柱础比柱子大这是所有柱础应有的共同要求。从视觉感观上讲，自然山体都下大上小，由此产生"稳如泰山"的概念，所以从物质功能与造型艺术两方面讲，上小下大成为柱础的基本形式特征。在这个前提上，怎样把柱身与下面的柱础石很好地连接在一起，使它们二者之间接合得妥贴而自然，从而产生了各种连接的方法与形式，从大量实例中可以寻找出以下几种常见的形式。

（一）覆盆式：盆的形式是盆口大于盆底，上大下小，这是人们常见和习惯了的形式；现在将盆倒覆在地上，盆口朝下，盆底朝上，成了上小下大，正好把柱子放在上面，这就是覆盆。这是宋法式中规定的规范形式，也是最常见的一种柱础。

（二）覆斗式：斗栱是中国木结构建筑中的一种特殊构件。在一组斗栱的最下面是一只坐斗，它在斗栱中体量最大，承托住上面的整组斗栱。坐斗的形式如古代的粮食量器"斗",平面方形,上大下小。现在把这种斗倒置,变为上小下大,如覆盆一样,正好承托住上面的立柱,这就是覆斗式。但它的外形可方可圆,也可呈八角形,随上面柱子的形式而定。

(三) 圆鼓式:古代皮鼓为圆形,上下鼓面直径小,中间鼓肚直径大,向外突出。将这种圆鼓做成柱础,从上面看,立柱放在鼓面上,下有鼓出的鼓肚,从小到大,有稳定感。在柱础的下半部,由鼓肚收缩至下面的鼓面,由大而小,显得轻巧。所以比起覆盆与覆斗式柱础,它既不失稳定又显得清秀。

(四) 基座式:在建筑或者影壁、石狮、华表下面的基座在平面上都要比上面承托的主体大,所以用基座作柱础也是常见的形式。为了求得既稳定又不显呆笨,常采用须弥座的形式,座的上下有枋,中段为收缩进去的束腰,整体造型比较端庄。

在众多的柱础实例中,我们见到的除了这四种基本形式自身的变化,例如覆盆、覆斗的高低、圆鼓的高与扁、基座上下各部分不同的比例等等以外,大量的还是这几种基本形式的组合,例如圆鼓与覆盆、覆斗的上下叠合,基座与圆鼓的组合等等。组合的形式很自由,因而使各地的柱础形态更加丰富多彩。

广东地区出现了一种造型特殊的柱础,它的特殊之处在于柱础反而比柱子小,违背了柱础大于柱径的常规。广州陈家祠堂大门门廊的檐柱为正方形的石柱子,柱下有方形须弥座式的柱础,须弥座的束腰部分缩得很小,比柱径小不少;为了避免不稳定感,又在束腰四面悬空挑出少许片石,座底部的圭角部分有浅浮雕的花饰,其余部分只有少许线角,一根高高的石柱子就立在这样的柱础之上,显出空透灵秀之感。这样的柱础在祠堂厅堂中也能见到。圆形木柱,柱下为圆形须弥座柱础,束腰的直径大大小于柱径。从总体上看,高大的柱子立在造型清瘦的柱础之上,柱子的荷载只能通过柱础中心很小的轴心部分传至地面,这种做法固然在整体外观上显得轻盈而乖巧,但是在结构上不但在施工上要求很精确,而且整体稳定性也受到影响。这种形式的柱础在广东地区的一些祠堂等公共建筑中也能见到,它已经成为一种有地区特色的传统形式了。

二、柱础装饰

柱础本身体量很小,但由于它具有承托立柱的重要作用,位置又处于容易使人注目之处,再加以石材易于雕琢,所以小小柱础也成了房屋装饰的重点。

广东广州陈家祠堂柱础

广东广州陈家祠堂柱础

　　（一）装饰内容：上面介绍宋《营造法式》中所列举的十多种石雕装饰内容是泛指所有部位的石雕，但是众多实例告诉我们，在柱础上也都能见到这些内容。龙、凤、狮子、麒麟、老虎、鹿等传统中神兽与瑞兽都出现在柱础上。在江苏苏州罗汉院残留的宋代柱础石上还见到牡丹花中一孩童像的雕饰，这是佛教化生的表现。化生是佛教教义中所指四生之一，即胎生、卵生、化生与湿生，其中化生是无所依托，忽然而生，十分纯净，这种题材多见于佛寺建筑的装饰中。

　　在植物纹样中，以牡丹与莲荷用得最多，尤其莲荷，既有丰富的喻义，其形态也易于装饰。荷花盛开时，其花瓣向四面张开，露出中心的莲蓬，这种形状很适合用在柱础上，围着中心的柱子，四周张开一圈荷瓣，称为莲瓣。同时荷花本身造型比牡丹等其他花卉简单，易于图案和程式化，所以这种莲瓣被广泛地用在柱础上，平铺、卷覆、直立的，单层或多层叠加的，花瓣上再加雕饰的，等等，一种单纯的花瓣被演化、衍生为丰富多彩的形态。植物卷草纹由于姿态多变，构图自由，也常用于柱础装饰。

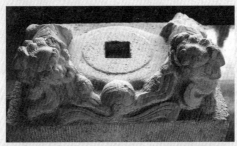

石柱础上的雕饰（上）龙纹（中上）狮子
（中下）麒麟（下）如意纹石柱础上的雕饰

石柱础上的雕饰（上）牡丹、化生（左下）回纹（右下）人物景

除动物植物的内容之外，常见的还有如意、文字、回纹、云纹、水纹等等。如意纹既有美好的喻义，其形态又适宜各种构图，可以连结成为条状的边饰，也可以成为独立的装饰。文字中寿字、卍字用得较多，卍字纹常组成连片的"万字不到头"纹饰作装饰的底纹。回纹拐来拐去常用来将各种个体组织成一幅完整的画面。云水纹常作为配景出现在雕饰里。

我们在门头、墀头上的砖雕装饰中常见到由人物等组成的带有故事情节的成组雕刻，这种形式在小小的柱础上也能见到，只是位处柱下，不容易观赏。

（二）装饰布局：先看一座柱础中的单一形式的。覆盆式柱础虽然简单，但却被广泛地使用于宫殿、寺庙的殿堂上，北京紫禁城宫殿柱子的覆盆式柱础上雕着神龙游弋于云水间，江苏苏州罗汉院佛殿的柱础上雕着满铺的莲瓣或牡丹。单个的圆鼓式柱础，上下有固定鼓面皮革的小钉子头，鼓身上或分格雕出如意或以夔龙组成的团花，或满铺云纹作装饰。须弥座形的柱础上，有将雕饰集中在束腰部分的，有在上下枋之间加角神、角兽的。

圆鼓形柱础

基座加圆鼓形柱础

在复合式的柱础上，装饰的分布无一定格式。在常见的圆鼓加基座形柱础上，除了在圆鼓、基座上各施雕刻之外，在二者之间的角上添加动物如同须弥座束腰上的角兽，起到承托立柱的作用。基座除用须弥座形式外，常见的还有一种四条腿的几形，几在下，圆鼓在上组合成柱础。这类柱础，往往在几腿之间的空隙里雕出动、植物的装饰。值得注意的是在这些柱础石上的装饰中用得最多的是狮子，须弥座与圆鼓之间的角兽大多为狮子，覆斗表面围着一圈狮子，几腿之间雕着狮子头，在有的多面几腿间，正面是狮头与前胸，

基座加圆鼓形柱础

几形加圆鼓形柱础

基座、圆鼓形柱础

圆形基座柱础

狮身柱础

象柱础

背面却是狮尾狮后背，多只狮子竟穿透础石而立于阶前，表现了独特的创意。狮子在佛教中为护法兽，传至中国后，成了建筑大门前的守护神兽了，现在被广泛地用在房屋厅堂的檐柱柱础上，有的竟直接把整只狮子当作柱础，立柱直接落在狮子背上。在这里，狮子不但起着护卫建筑的作用，还承担起承托柱子的重任，真可谓充分发挥兽狮之长，能者多劳，身负二职了。

以上讲的是单柱下面柱础石上装饰的布局，但一幢房屋的柱子皆成排成列有秩序地罗立于地面上，在一组建筑群体中，沿着庭院同时可以看到中央与两侧不同房屋的立柱，那么在一座房屋或者在同一组建筑的多座房屋的柱础是否具有相同的形式与装饰呢？这就是柱础群体的布局问题。在以礼治国的中国封建社会里，等级制可以说是礼制的中心，建筑因使用者的地位而分高低不同的等级，这种差别不仅表现在建筑的大小和整体形象上，同样也表现在装饰里，连小小柱础也不例外。一座寺庙、祠堂，甚至在比较讲究的住宅里，位于中轴线上的主要厅堂的柱础比两边厢房的柱础讲究；在同一座厅堂内，外檐柱柱础比内金柱柱础讲究；在有的供祖先牌位的厅堂中，供案前的柱础比其他柱础讲究。福建永安县有一座安贞堡，这是一座有三百多间房间的大型住宅，宅

福建安贞堡厅堂檐柱柱础

内的中心厅堂五开间，有六根外檐柱与六根内金根。檐柱在外，位置重要，光线明亮，柱础采用八角形的须弥座；金柱在内，位置次要，光线较暗，柱础用圆形须弥座；柱础上的雕刻也是檐柱比金柱的讲究。山西沁水县西文兴村有一座关帝庙，庙内一座大殿面对戏台，两侧有厢房，庙门口有门廊。其中最讲究的当属大殿柱础，八角形覆盆上加一层圆鼓，二者表面皆有如意与卷草纹雕饰；其次为戏台角柱柱础，雕花几腿上加两层石座，也可以看做是一个简化了的须弥座；再其次是庙门门廊的柱础，素覆盆上加一层瓜瓣形圆鼓；最简单的是两侧厢房和大殿两边耳房的柱础，素覆盆上加素面圆鼓。一座不大的关帝庙，随房屋不同的等次也采用了不同等级装饰的柱础。在西文兴村还有两幢讲究的清代住宅，住宅正中厅堂的柱础最讲究，四方几腿上一座扁平的须弥座，在每一部分都有雕饰花饰；但厢房、倒座的柱础在外形与装饰上都比厅堂的简单。封建的等级制在柱础上也表现得如此清楚。

安贞堡厅堂金柱柱础

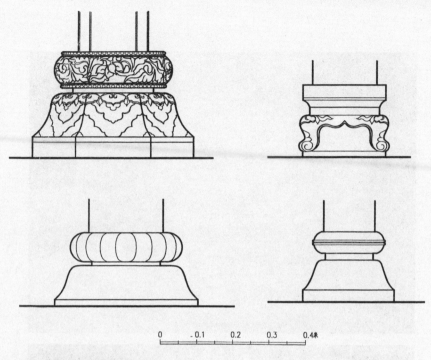

山西沁水西文兴村关帝庙四种柱础图

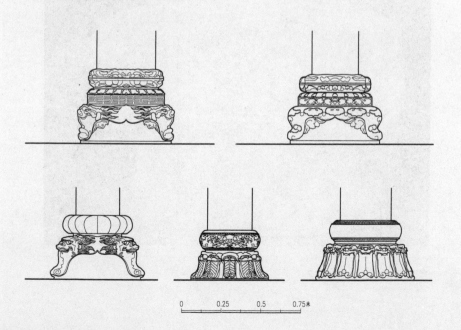

西文兴村司马第住宅柱础图

福建安贞堡厅堂檐柱础雕饰

（三）装饰工艺：石材的柱础自然用石雕作装饰。在宋《营造法式》中说的几种石雕工艺在柱础上都有应用。单纯覆盆式的柱础上多用浅浮雕工艺；单纯圆鼓形柱础上也多用浅浮雕。房屋檐柱下一排这样的柱础，看上去整齐而细腻。也有在覆斗或几腿上用高雕、甚至圆雕作装饰的，这些柱础排列在阶前柱下，会使人感到热闹而嚣华。在复合式柱础上，工匠多根据不同的部位而采用不同的雕刻工艺。几腿座与圆鼓叠合的柱础，圆鼓上多用浅雕，而几腿上用高雕，上轻下重，在视觉上感到稳定。基座加圆鼓的柱础，圆鼓用浅雕、须弥座几层枋子上也用浅雕或深浮雕，束腰上和基座与圆鼓之间的角神、角兽则用高雕与圆雕，粗细结合，装饰效果突出。

上面讲过的福建永安县的安贞堡中心厅堂有六根外檐柱，柱下为八角形须弥座式柱础，由于厅堂台基高，站在堂前庭院里可以很清楚地看到这些柱础。以其中一块柱础石为例：上枋的八个垂直面上分别雕有人物、动物与植物，其中有凤凰与麒麟，莲荷与鸭，梅花与喜鹊，主仆出游等内容；在束腰的八个面上雕着琴、棋、书、画和四幅花草；在上枋的水平面上用如意纹装饰，下枋的斜面上有蝙蝠、蝴蝶相间地分布在八角。在工艺上，面积最大，最便于观赏的上枋装饰用较深雕刻；束腰部分用浅浮雕；而在上、下枋的水平面上只浅浅的雕出花饰纹样。可以看到，在小小柱础上，工匠也根据柱础的不同部位和人距它们的远近和视角的方向而采用不同的内容和工艺，使这些装饰有主次之分，从而取得比较好的观赏效果。

门枕石

　　门枕石是建筑大门的一种构件，它的位置在大门两侧门垂直边框的下方，它的功能是承托门扇的转轴使大门得以开关，所以多用石料制作。因为它枕在大门的下面，所以称"门枕石"，简称"门枕"，俗称"门墩"，宋代称"门砧"。在宋代《营造法式》中记载了当时门砧的具体形制："造门砧之制：长三尺五寸，每长一尺，则广四寸四分，厚三寸八分。"这里讲的只是门砧长、宽、高之间的比例关系，不是它的绝对尺寸，因为门砧的大小要根据门的尺寸而定。《营造法式》还提供了两幅门砧的图像，长条形的石块，前后分两部分，一头在门外，另一头在门内，中间一道凹槽供安置门的下槛。在门内部分的上面

大门门枕石

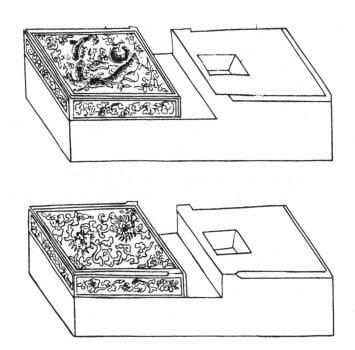

宋《营造法式》门砧图

凿有一凹穴，称"海窝"，即为承受门转轴之处。有的为了更好地承受门下轴对石砧的磨损，在海窝中安一小块金属铁，在铁块上有一半圆形的凹穴以承托门轴，称"铁鹅台"。门砧图提供了门枕石的基本形式，各类建筑大门的门枕石都是这样的形式，所不同的在于大小的区别和门枕石上装饰的形态与多少。

一、门枕石的造型与装饰

无论是哪一类型的建筑，它们的大门都反映出建筑主人的地位与权势，所以一个家族或家庭的名望被称为"门望"，因此才产生了门的形式与装饰问题。在本丛书的《千门之美》专辑中讲的门头、门脸是大门上方和两边的装饰，这里的门枕石却提供了大门下方装饰的一个部位。长方形的门枕石，一头在门内，承托住大门的转轴，一头在门外，起着平衡的作用，为了避免大门转动时不致产生位移，这露在门外的一段多比门内那段长而厚，这段露明的石墩，并列在大门两侧，位置显要，很自然地成了装饰的重点。

住宅大门石狮子门枕石

石雕狮子百态

（一）狮子把门：狮子性凶猛，俗称兽中之王，所以常用作护卫大门的神兽，早在南朝陵墓的神道上就见到这样的实例，以后在宫殿、陵墓、寺庙、王府等建筑的大门前都能见到狮子把门，它们分踞大门两侧，左为雄狮，足按绣球，右为母狮，脚抚幼狮，这已成为固定的格式了。所以在门枕石上用石雕的狮子乃常理中事，只是这里的狮子形象比门前独立的狮子更为自由，有站立的、蹲坐的、趴伏的，也有一只大狮子抚弄着数只幼狮的。在狮子的表情上也不只是一种凶狠之状，也有驯服的、嬉笑的、顽皮的，神态丰富多样。

（二）圆形石鼓：门枕石上为何用石

石雕狮子百态 门枕石上狮子形象

鼓,目前尚未发现古籍上的有关记载。古人多把早期历史的尧、舜时期作为政治上的开明时期,所以有"尧设谏鼓,舜立谤木"之说。谏鼓是指朝廷为听取百姓意见,在朝廷大门设一大鼓,百姓有事可击鼓要求进谏。由此,门前设鼓就带有欢迎来人的象征意义了。后来把圆鼓立于门枕石上作装饰是否与此谏鼓传说有联系,这只能是一种推测。圆形石鼓立于门枕石上,下面用花叶托抱,所以这类门枕石又称"抱鼓石"或"门鼓石"。

（三）石座形:这是最简单的一种门枕石形式,石座有高有低,也有做成两层石座相叠者,在石座表面多有雕饰装饰。

以上三种只是最基本的形式,众多门枕石实例向人们显示,许多都是两种或多种形式并用,常见的多在石鼓和石座上加狮子,这些狮子有的是全身蹲伏在座、鼓之上,有的只在座和鼓上雕出一个狮子头,由此可见,守护大门的狮子当属上自朝廷、下至大众百姓最喜爱的装饰。

抱鼓石门枕石

基座形门枕石

门枕石上狮子形象

二、门枕石实例

（一）北京四合院住宅门枕石。北京四合院住宅始建于元代建大都城时，由大片的胡同与四合院组成城内的居住区。这些四合院有大小之分，它们的宅院大门也有几种形式，但大门左右少不了都有一对门枕石。纵观这些门枕石的形态，其中以圆鼓形的最多，其次为石座形，狮子形的比较少。

北京四合院的抱鼓石具有一种共同的基本形式，就是整体上分为上下两部分，由下面的须弥座托着上面的圆鼓。须弥座由上下枋、束腰和底下的圭角组成一座完整的形式，座上对角铺着一块雕有花饰的方形垫布，讲究的还在座上用仰覆莲瓣的雕饰。座面的垫布上有一个鼓托，形如一张厚垫，中央凹下承托住上面的圆鼓，两头反卷如小鼓，所以俗称为"小鼓"，上面的石鼓称"大鼓"，以示区别。圆鼓形象很逼真，中间鼓肚外

北京四合院住宅大门门枕石：抱鼓形

北京四合院住宅大门门枕石(左)(中)抱鼓形 (右) 基座形

突,鼓皮钉在圆鼓上的一个个钉子头都表现得很清楚。在两面垂直的鼓皮上多数都附有雕刻。在上面的鼓肚是装饰的重点,除了有浅雕作底纹外,多有狮子、团花等突出的高雕装饰。

四合院石座形门枕石的外形多呈规整状,有的一块整石座,直立地面,有的下面有一层不高的须弥座托着上面的石座。座上露在外面的四个面上均有雕刻装饰,有的在顶面上加突出的狮子像。

观察这些北京门枕石上的装饰内容,可以说没有离开中国传统的题材。龙既为中华民族的图腾,又是封建帝王的象征,明、清两朝都明令除皇家建筑之外,其他建筑皆不得用龙作装饰,这种禁令尽管很难贯彻至全国各地,但至少在京城是见效的,所以在这里的门枕石上的确见不到龙的形象。这里见到最多的就是狮子,所以在圆鼓、石座形的门枕石上,多数皆在石鼓和石座的顶面上雕着狮子像,讲究的狮子呈全身像,蹲坐或趴伏在石面上,简单的雕一个突出的狮子头露出石面,有的口中还衔着如意和飘带,有的把这种飘带沿着石鼓背左右盘卷一直延至须弥座,从圆鼓顶至须弥座,组成一组正对门外的装饰带。其他如麒麟、蝙蝠、飞鸟也常见到。植物中以莲荷、卷草用得最多。除此之外,如意纹、钱纹、寿字、喜字也常见用在石鼓的鼓心、鼓背与鼓托及须弥座的垫布上,有的干脆在石座上刻出"万字如意"、"吉星高照"的门联。

门枕石上狮子

门枕石上龙、鸟、兔、植物花卉雕饰

门枕石上博古器物

（二）山西住宅院门枕石。山西晋中地区几座晋商大院为今人留存下了一批讲究的住宅，这些住宅的门枕石也是很有质量的。从它们的基本形态看，也不外乎狮子、圆鼓和石座三种形式，但如果与北京四合院住宅的门枕石相比，其不同之处一是狮子形占多数，二是在传统形式的基础上又不受其限制，在总体造型和细部装饰上都创造出不少新颖的形式。

山西住宅狮子、抱鼓门枕石

抱鼓门枕石局部

151

抱鼓门枕石

狮子形门枕石都是在石座和须弥座
上蹲立着狮子，左为母狮，右为雄狮，符
合传统格式，但母狮不只是脚下抚一幼
狮，有时肩上、怀里还背着、拥着小狮子。
石座和须弥座上多满布雕饰，有浅浮雕的
边饰，也有突起的高雕，它们与座上的狮
子组合成一对看上去很热闹的门枕石。

圆鼓形门枕石的基座也有多种不同
的处理。有须弥座上下枋之间出现了力士
和角兽；有的座上包袱皮的四角被掀起，
里面各钻出一只小猴或者小狮子；有的甚
至变成一头狮子站在石座上背负着上面
的石鼓。还有的竟把圆鼓变成了圆球，下
面卧在包袱皮中，包袱皮下在石座的四个
角上各钻出一只小狮子，圆球顶上也有一
只狮子带着两只幼狮在嬉戏，所以在这一
对石球的门枕石上可以看到共计十二只
狮子。

更有既非狮子形也非石鼓形的门枕
石。一种是在须弥座上立着一只高大的石
雕宝瓶，瓶下有双层莲花瓣的石座，仔细
看，莲座上还坐着一位人物，上端瓶口上
也雕着两只狮子，形成一对宝瓶门枕石。
另一种是在须弥座上雕有一位武士像，左
侧的武士手牵一只狮子，另有幼狮趴伏在
地；右侧武士双手各牵一狮，另有绣球在
座上，仍遵守双狮把门的传统格局。在这
里，把贴在门上的武将门神变为石座上的
武士，并且还和守门狮子结合在一起。这

山西圆球形门枕石

山西花瓶形门枕石

153

山西武士、狮子门枕石

样的门枕石的确显示了当地工匠富有创造性的智慧。

（三）江南地区住宅大门门枕石。在安徽古徽州地区，徽商也为今人留下了一大批住宅。徽商与晋商为中国明、清时期南、北两大商帮，他们的财势可以说不相上下，这批商人在各自的故里兴建的宅第不但规模大，而且装修装饰都很讲究，都要通过这些建筑来显示自己的财势与追求，因此也让后人看到了那些住宅装修华美的一座座大门和院门，观赏到那些门上的木雕与砖雕、石雕艺术精品。但是奇怪的是徽州地区那些讲究宅第的大门上，可以见到门上精美的砖雕门头与门脸，但门下的门枕石却大多数只是一块方整的石材，在它上面既没有石狮子，也没有石鼓，最多在表面上雕一些植物花卉、琴、棋、书、画以及如意纹等作为装饰，不少门枕石上光光的什么也没有。这种现象不仅在徽州，在浙江、福建、广东地区的住宅也是如此。

浙江住宅大门门枕石

南方寺庙、祠堂门枕石

　　以上所举实例皆为各地住宅的门枕石，其他寺庙、园林等类建筑大门的门枕石在总体上仍可归纳为狮子、圆鼓和石座三种类型，其中以石鼓形最为常见。在石鼓形门枕石中，因石鼓大小、厚薄之不同，鼓下基座之差异，以及石雕装饰的多样性，仍产生出多姿多彩的形象。那么在几种不同形状的门枕石中是否有高低等级之区分呢? 根据众多实例看，可以说以整体狮子形最隆重，石鼓形次之，石座形再次之。山东栖霞有一座规模很大的牟氏庄园，在它的中心大门上用的是石鼓形门枕石，而在侧门上用石座形，内院院门则只是一块方整的石材，等级也是分明的。

南方寺庙、祠堂门枕石

山东栖霞牟氏庄园大门门枕石

牟氏庄园侧门门枕石

上马石与拴马石

上马石与拴马石都设于大门前，所以放在这里与门枕石一起介绍。古代官吏与有财势的人家出行多以骑马代步，因此在官府和一些大宅第门前设有上马石与拴马石，以便来客上马与拴马之用。

上马石为台阶形，多为上下二阶，普通的只是一块台阶形石材置放地面，阶石垂直面上有少量雕饰。讲究的石下有一层不高的须弥座，上置台阶石，除了垂直面上有突出的雕刻外，有的在脚踩的水平面上也有浅浅的雕花装饰。讲究的建筑大门前左右各有一座上马石，它们像两座石雕艺术品并列在门前路边。

拴马石有两种形式，简单的只是在大门外侧砖墙上砌入一块石材，石材上凿有透空孔眼供拴马用。多数拴马石为独立的一根石柱，柱身不高，柱头多用几何形、狮子、猴等雕刻装饰，少数也有用石俑的。柱身上凿有孔穴供拴马用。来客不止一位，所以门两侧多有数根拴马石并列路边。

上马石

山西住宅大门外拴马柱

拴马柱柱头雕饰

第五章

基座、栏杆、台阶

基座是建筑或其他陈列物下面的底座,栏杆是围在基座四周的构件,台阶为上下基座的通道,所以这三者是结合在一起的构件。

基　座

基座处于建筑和其他陈列物的下方,包括房屋下的台基、月台、露台,祭神的露天祭台,佛像、狮子、日晷等陈列物的底座,等等。

中国古代的房屋从原始时代的地下穴居、树上巢居发展到在地面上建造房屋,这是一个很大的进步。这些由泥土和木材建造的房屋为了防止潮湿,增加建筑的坚固性,多选择在地势较高处建造,如果没有这样的自然条件,也多用人工堆造出地面的平台,这可以看做是房屋早期的基座,所以基座的产生是源于人类生活和房屋安全的要求,是一处房屋上具有实用功能的部分。在实践中,房屋越是高大,它们的基座也必然增高,于是才有了"高台榭,美宫室"之称,基座之高低成为衡量建筑等级的标准。

一、基座形式

早期基座用土堆造,但土座不结实,容易被雨水浸损,所以发展到用砖或石料包砌在土座外表,从而大大提高了基座的坚固耐久性,同时也增加了基座的美感。

纵观各类建筑下的基座,简单的只是一层不高的方方正正的平台,表面也没有雕

须弥座发展示意图

饰，但稍讲究一点的建筑或者陈列物的基座大多数都采用须弥座的形式。须弥为佛教中的山名，佛教将圣山称为须弥山，佛坐圣山之上更显神圣与崇高，于是须弥座成了佛像下基座的固定形式。须弥座原来是什么式样无实物可考，在山西大同云冈石窟中可以见到佛像下面有一种基座，它的形式是上下较宽，中间较细，呈人体束腰形向内收缩，外形好似工字。云冈石窟开凿于5世纪的北魏孝文帝时期，是佛教传入中国后能全面反映佛教艺术的宝库。在比云冈石窟稍晚一些时候的河南洛阳龙门石窟，佛像下也有这种工字形基座。此外，在甘肃敦煌石窟五代、中唐时期的壁画中也有这种式样的基座，因此可以把这种工字形基座视为中国早期须弥座的形式。

公元1103年宋朝廷颁行《营造法式》，书中有"殿阶基"的条目，包括文字说明和两幅不完整的图像。建筑学家梁思成先生据此绘制出宋代殿阶基式样。如果将这时期留存至今的基座实例与殿阶基图样相对照，可以看出，当时须弥座的形式已经相当定型了。座有上枋与下枋，有中间缩进去的束腰，上下枋都用混枭的形式与束腰相连，束腰上有小柱和壸门等装饰。1934年，梁思成先生根据清工部《工程做法则例》的有关内容和清代实例，绘制出清代须弥座的标准形式，这种形式不但包括有上、下枋、束腰、圭角等各部分，而且它们的高低都有规定的尺寸比例。这说明，须弥座的形式得到进一步的规范，它不仅用作各类建筑的基座，而且也成为月台、祭台和狮子、花台、日晷等基座普遍采用的形式。

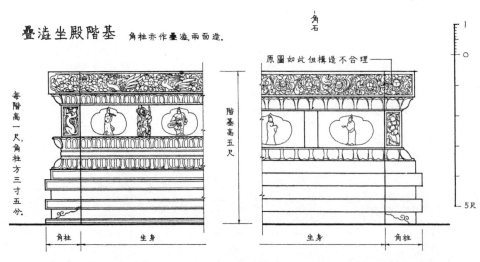

宋《营造法式》阶基图

清式须弥座

北京紫禁城三大殿台基

遍布各地的建筑,它们既有类型之不同,又有大小之区别,再加上各种形式的露台和诸种陈列物,要使用从形式到尺寸都规范化了的同一种须弥座必然会遇到矛盾,有的建筑基座要很高,有的陈列物基座要很低,许多实例向我们显示,古代工匠根据实际情况对须弥座的形式与尺寸都进行了某些修改,创造出了不少成功的范例。北京紫禁城前朝三大殿共处于一座高台基座之上,基座分三层,共高8米多,下面第一层即高达3米,如果在此高度内按须弥座规范尺寸放大,则各部分将会显得很大,工匠巧妙地在上枋和下枋上各加了一道线条,把它们上下都一分为二,从而使这座须弥座既保持了整体的

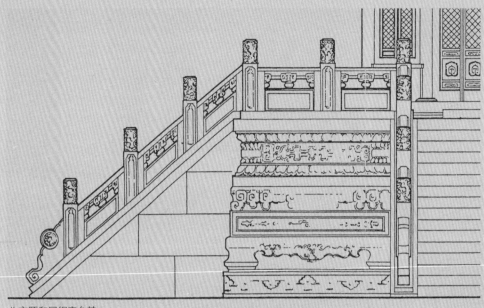

北京颐和园铜亭台基

　颐和园石台座

高大宏伟，又不因局部的扩大而显呆板与笨拙。北京颐和园五方阁有一座著名的铜亭，亭下的基座也很高，但铜亭本身不大，如果在这里也采取紫禁城三大殿基座同样的办法处理，则其宏伟的石座必然与座上精细的小铜亭不相匹配，所以工匠采取了另一种修改方式。总体上先将高高的基座上下分作两段，上面二分之一是一座标准的须弥座，下面一半由两层枋与一层圭角重叠，它们好比是上面须弥座的一个基座，于是上面须弥座较小的体量与精细的雕饰和座上精美的铜亭和谐而统一，同时须弥座又稳妥地坐落在石座上而保持了整座基座的高度。紫禁城内有两处日晷，其下的须弥座面积很小，但造型要高，于是工匠都把束腰部分提高，一座是将束腰做成宝瓶状，另一座则将束腰一分为四根方形小柱把上枋举高以承托上面的日晷圆盘。颐和园庭院里多有置放盆花的石座，座面不大，或圆或方，但造型瘦高，在这里，工匠应用提高束腰、两层须弥座重叠增加上下枋等等手段，使它们保持了比较完美的造型。

石座也有很低的，例如寺庙、宫殿内香炉的基座。常见的方法是把须弥座的束腰部分压低，有时压到上下枋几乎相贴，这也应视为须弥座的一种变异。

紫禁城日晷基座

紫禁城日晷基座

紫禁城香炉基座

二、基座装饰

石料包砌的基座每一部分都可以做石雕装饰。在标准的清式须弥座图像上看到上、下枋有卷草纹，上下混面上用仰覆莲瓣组成长条的边饰。束腰部分的拐角用植物组成的束柱，柱后为一段绶带纹，如果须弥座很长，则在中段加一段绶带纹。圭角部分只在接近拐角处用盘卷状的回纹装饰。这类标准的装饰在北京紫禁城，明、清皇陵和颐和园这些皇宫、皇陵、皇园的建筑或陈设物的基座上都能见到，只是在有的束腰部分除绶带外还加了一些动、植物的形象，在技法上也有深雕与浅浮雕之分。

清式须弥座装饰

须弥座束腰装饰（左）束柱（右）角兽

在宋式殿阶基的两幅图中，上枋的雕饰内容比单纯的卷草纹复杂，有植物的枝叶与花朵，其中还有飞禽瑞兽。束腰部分比清式须弥座高，其上有束柱和壶门的装饰。束柱是在上、下枋之间的短柱，除了在束腰的四个角上还匀布在长条的束腰上。"壶"音"kun"，这是凹入束腰壁体的小龛，多在壶门内放一座小佛像或其他人物雕像。在众多的实例中，束腰上的束柱出现了多种形式，常见的有动物与人物的形象。河北正定隆兴寺大悲阁内的佛像基座是宋代遗物，在基座束腰的四角上各有一人物，他们蹲坐在下枋之上，低着头用肩背顶着上枋，全身肌肉紧绷，连面部都露出一副用力的神态，故称为"力士"或"角神"。在这四个角的位置上也有用狮子等兽类来顶撑的，则称为"角兽"。角神与角兽成了束腰部分很突出的立雕装饰。四川成都王建墓内有一座石基座，基座束腰上用束柱分成若干方格，在每一格内都雕有一位乐伎，他们端坐在地，手持不同的乐器，组成一支乐队正在演奏乐曲。束腰部分的装饰内容可能与基座上建筑或陈设物的

须弥座束腰装饰：壶门

171

北京大正觉寺佛塔基座

河北正定隆兴寺大悲阁佛座力士

四川成都王建墓基座

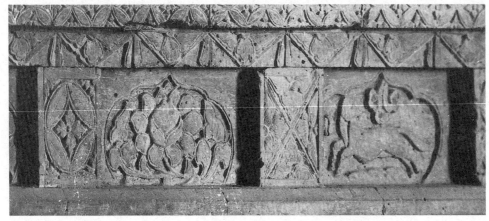

山西长子县法兴寺佛座

性质有关。北京大正觉寺金刚宝座塔的基座束腰上雕的是佛教中的狮、象和法轮、金刚杵等法器；山西长子县法兴寺佛座束腰壶门内雕的是莲花图案。

　　在众多实例中，须弥座除束腰部分外，在上、下枋和圭角部分装饰都比较简单，多用卷草、莲瓣组成的浅浮雕边饰。但也有例外的。北京西黄寺金刚宝座塔最下层的大型须弥座，从上枋至圭角遍体都满布雕饰：分为两层的上枋用突起的动物、花朵雕刻代替了浅平的卷草边饰；翻卷的云纹替代了上混的莲瓣；下混的莲瓣上加了浅雕花饰而成了宝装莲花；加高了的束腰上用金刚作角神，其间的大幅画面上雕的是释迦牟尼佛八相成道本生的故事，人物众多，场面宏大，雕刻细致；连最底下的圭角部分也满雕着用卷草纹组成，其中并有瑞兽形象的边饰。西黄寺是清乾隆年间西藏活佛班禅六世晋京时期的住地，班禅六世因病圆寂于北京，清朝廷特在寺内建此塔以资纪念，石塔不仅规模大，而且造型、装饰都很细致，因此塔上有这种可以称得上是"盛妆"的基座并非偶然。

北京西黄寺金刚宝座塔基座

栏 杆

栏杆是设置在基座四周、房屋楼层平台和楼梯边沿以及桥梁两侧的构筑物，它的功能是防止行人从高台、楼层和桥面跌落，起到保护安全的作用。

一、栏杆形式

古时栏杆，无论室内室外，皆由木料制作，最简单的形式是在台面上立若干木柱，柱间搭一横杆，高度约相当于在人腰部与肩部之间，以能挡住人体为原则。古时称纵木为杆，横木为栏，故称栏杆。这种早期的栏杆只能从古代绘画和出土文物中见到。露天的栏杆经日晒雨淋很容易损坏，所以逐渐用石料代替木材，石栏杆成了室外栏杆的主要形式，这里要讲的就是这类石造栏杆的形制。

宋代《营造法式》中提供了两种石栏杆的形制，一为重台钩阑，二为单钩阑。它

北京紫禁城御花园清式栏杆

们的基本形式是两边直立石柱称"望柱";望柱之间最上面有横向的栏杆扶手称"寻杖";寻杖之下与栏杆之间有小柱支撑;栏杆上有匀布的蜀柱,蜀柱间安设华板,最下层为横向的地栿。在整体上这种石栏杆仍沿用了木栏杆的形制,只不过所有构件全部用石料制作。为了保持木栏杆轻巧的造型,必须用石料作出长而细的栏杆扶手,还要在华板上雕琢出透空的万字纹,既费工又费料,所以新的石材料与旧的木结构形式之间

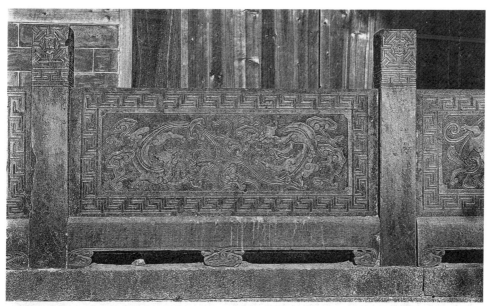

安徽祠堂石栏杆

北京石桥栏杆

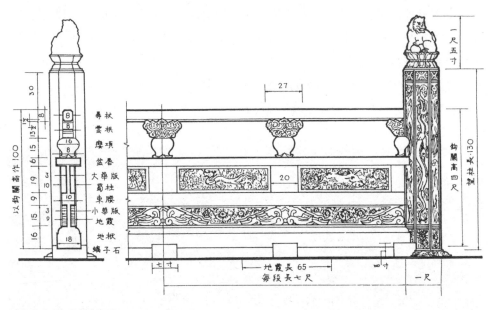

《营造法式》重台钩阑图

辽宁沈阳清皇陵石栏杆

发生了矛盾。

　　清式石栏杆在这方面有了改进。最明显的是两根望柱之间距离缩短，望柱之间只用一整块石料做成构件，只是在这块石料上仍保留了扶手、蜀柱与华板的形式。具体做法是把扶手与栏板之间凿空以显出寻杖部分，在栏板上仅用刻线表示出蜀柱与华板的形象。应该说这种做法相比宋式栏杆更加适合石料本身的特性。经过不断的实践与创造，在石栏杆上不再有扶手的部分了，栏板上也看不到蜀柱与华板的刻纹了，在两根望柱之间只夹着一块实心的石板，在石板上进行雕刻装饰。有的连望柱也不用，只用一块块实心石板两头相连组成一条栏杆，可以说它们终于摆脱了木栏杆的形式而找到了完全符合石材本身特性的新形态。应该看到，这样的发展并不绝对，许多实例告诉我们，有相当晚期的石栏杆仍保持着木栏杆的形式，例如辽宁沈阳清代皇陵基座上石栏杆，在两根粗壮的望柱之间，连接着扁平的扶手，下面用细如木棂的石条作边框，里面安着透空雕花的华板，力图表现出木栏杆那种玲珑剔透的造型特征。山西祁县渠家大院有一排石栏杆，每一根望柱头上都雕着雄狮或者母狮，柱身满布深雕、透雕的各种植物花果、器物、回纹甚至房廊建筑；栏板用竹节形细棂分割，中心有透空雕刻的花卉华板，石栏杆硬被做成木栏杆的形态。建筑形式的创造有相当的自由度，即使有朝廷规定的形式与制度，也不能抑制各地工匠的创造力，石栏杆的形式也是如此。

山西渠家大院石栏杆

179

山西渠家大院石栏杆望柱局部

二、栏杆装饰

在宋《营造法式》中，对两种石栏杆各部分的装饰都有说明，图样上也有相应的显示。望柱头在仰覆莲座上雕着石狮，柱身有龙纹；华板上用浅浮雕雕出动、植物的花饰；单构阑的华板上则雕出万字纹。可以看出，两种石栏杆，它们的装饰有重、轻之分，重者除扶手、地栿等部分外，几乎都有雕饰；轻者只在望柱头、小柱头和华板部位上作重点雕饰。大量的实例也显示出石栏杆装饰的多样性，在这里只能有重点的挑选宫殿、寺庙、祠堂诸类建筑上的一些栏杆装饰作出介绍与分析。

（一）宫殿建筑的栏杆装饰。一座庞大的紫禁城，前朝三大殿和后宫乾清宫、东路宁寿宫的石台基四周都围有石栏杆，其他如太和门、乾清门、宁寿门，连御花园的几座水榭、亭子的石台上也有石栏杆，纵观这些石栏杆的装饰，在统一中又有变化。统一是

北京紫禁城石栏杆龙、凤望柱头

紫禁城石栏杆望柱头

紫禁城石栏杆望柱头

北京颐和园十七孔石桥及栏杆望柱头狮子

指这些栏杆都是望柱之间安栏杆,形式基本相同;装饰都集中于望柱头和栏板部位。变化是指这些装饰内容多随建筑性质而不雷同。先看望柱,它的装饰集中在柱头,柱身只作一些浅浅的线角装饰。凡帝王所用主要宫殿栏杆柱头皆用龙纹,神龙盘卷于流云之中;凡帝王与帝后共用寝宫栏杆则同时用凤纹,与龙纹柱头间隔使用,在石台基上,龙、凤柱头排列成行,很有些气势。在御花园里或者次要建筑或石桥两侧的石栏杆上,则用狮子、莲瓣、如意、二十四气、竹节纹等作柱头,它们往往相互组合,如狮子蹲在莲座上,莲座上加如意、气纹等,即使同一题材,其造型也不相同,小小柱头细细看来也是多种多样的。北京颐和园内有一座17个券洞连成的大型石桥,桥两侧共有55块相同形式的栏杆,共计112个望柱头,全部雕的是狮子。远观这群狮子,它们造型相似,但近观则都不一样,其中有站立的、蹲坐的、趴卧的,胸前足下抚有幼狮的,拥着绣球的,各具神态,互不雷同。

北京颐和园十七孔石桥栏杆望柱头狮子

北京紫禁城钦安殿石栏杆

竹纹石栏杆

　　再看栏板。紫禁城宫殿栏杆的栏板上理应用龙纹装饰。钦安殿台基栏杆用上等汉白玉石筑造，至今保存完好，栏板上中心部分雕着两条行龙在花丛中追逐，一前一后，前者还回头张望，形态很生动。四周用卷草与龙纹组成边饰。在技法上，中心用高雕，四周用浅雕，中心突出，主次分明。也有不少宫殿栏板不用龙纹装饰，宫中园林亭榭的栏

清代定东陵大殿石栏杆

北京紫禁城大殿台基上螭首

板有的用竹纹、植物纹样，浅浅的一层，看上去很细致。在清代皇陵中出现了一种有特殊装饰的栏杆，这就是清东陵慈禧太后定东陵大殿的栏杆。慈禧太后两朝垂帘听政，权势凌驾皇帝之上，在她督建的陵墓大殿上，其栏杆的栏板上雕出了凤在前、龙在后，龙追凤的画面，清王朝的这一段特殊的历史也反映在小小的栏板上。

在宫殿的台基石栏杆上，在栏杆与台基之间，位于望柱下伸出一个兽头和须弥座的上枋垂直相交，名为"螭首"。螭，传说无角之龙称螭，螭之首常用作装饰，并且列为龙生九子之一。在栏杆下面的螭首瞪着双眼，鼻梁上卷，嘴张开有小孔直通台基表面，专为排除台基上积水之用，但因孔小排水不畅又容易为杂物堵塞，后来多在栏板地栿下直接开孔排水，螭首变为基座上一种特有的装饰构件了。

（二）寺庙祠堂建筑栏杆装饰。在较大寺庙和比较讲究的祠堂中，多见厅堂基座上的石栏杆。安徽呈坎罗氏宗祠有明

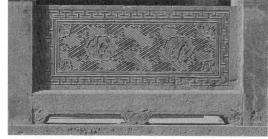

安徽呈坎罗氏宗祠石栏杆栏板

代留存下来的殿堂，这里的石栏杆很讲究，它在形态上已经少有木栏杆的形式了。两根石望柱之间夹一整块石板，上面凿出空洞做出扶手，有的就是一整块矩形石板。在这些栏板上，有的用浮雕雕出整幅风光图像，其中的山水植物、城关、楼阁、房舍、牌坊，都刻画细致，连水阁、篷船里的人物都清晰可见；有的用减地平钑雕法雕出对嬉中的两只麒麟；或用万字纹作底，上面嵌入植物花卉的小幅画面。这种栏杆远观整齐划一，近看又各不相同。

辽宁锦州广济寺大殿台基

　　辽宁锦州广济寺大殿前有三层石台基，上下均设有栏杆，用当地所产的砂石建造，由于石质较松，不宜用大面积的高雕与透雕，所以当地工匠采用以浅雕为主、局部透雕的技法，在栏板上分别雕出琴、磬、钟等乐器，植物花果，蝙蝠，博古器物等形象作为主体，在它们四周围以回纹，组成满布栏板的画面。在望柱头上都雕的是狮子，每只狮子大小相等，都蹲坐于望柱之顶，连狮子头的朝向都保持一致，但细细观察，可以看到这群狮子有的嘴唇紧闭，有的微张，有的露齿，有的张嘴伸舌，这都是工匠即兴创作，正是这些总体造型统一有序，但细部又富变化的栏板和柱头的装饰，使这里的栏杆极富情趣。

广济寺台基栏杆栏板

广济寺台基石栏杆望柱头

在前面的章节里多次介绍过广州陈家祠堂的砖、石装饰，这里的石栏杆也颇具特色。祠堂厅堂的台基多不高，但在一排檐柱之间都设有石栏杆。紧贴檐柱立有望柱，望柱之间上有石扶手，中有栏板，下有地栿，这种石栏杆与别处不同的是在栏杆的上中下各部分都满布石雕。扶手上雕的是蝙蝠、夔龙对峙；栏板上是人物群像或者山林群兽；地栿上也有双龙戏珠、植物草叶；而且所有这些雕饰都用的是剔地起突，即突起很大的高雕。在祠堂中心厅堂前月台的石栏杆上，更用金属铸造出栏板嵌砌在望柱间，栏板上还铸刻出麒麟、凤凰等瑞兽和花木等形象。在它的扶手和望柱身上都满雕出植物枝叶和仙鹤、雀鸟，突起的高雕与透雕，使栏杆失去了常规的形态。这些琳琅满目堆砌的雕刻装饰固然显示了家族的财势，但却给人一种繁缛而杂乱的感受，在艺术上可以说是不成功的。

广州陈家祠堂石栏杆

广东广州陈家祠堂月台石栏杆

台　阶

　　台阶的功能是供行人上下台基。台阶由一步步的踏步组成，并在踏步的两侧用一条斜置的石板作边，名为"垂带石"。如果台基太高，则在台阶两边的垂带石上加设栏杆以起到保护行人的作用。也有一种台阶不设踏步而作成一个斜面以便于有轮子的车辆通行，这种形式的台阶称"蹉蹉"，多用砖竖向筑造，表面露出砖棱角，形成一个锯齿状不光滑的斜面。台阶的宽度视建筑大小而定，在宫殿、坛庙等皇家建筑中，台阶上还设有专供皇帝通行的部分，称为"御道"，御道设在台阶中央部分，左右两侧另有普通行人使用的台阶。在一些并非皇宫、皇陵、皇园的建筑上，凡是帝王会定期去的地方，例如祭祀孔子的孔庙和一些重要的佛寺、山岳庙，也多在主要殿堂、大门的台阶上设有御道。

　　台阶的各部分都可以装饰，凡设有御道的台阶，其装饰部分自然集中在御道上。御道不设踏步而只是一段斜置的石板，板上多雕刻象征皇帝的龙纹。北京紫禁城前朝三大殿共处于三层高的台基之上，在南面太和殿前和北面保和殿之后都有一条贯穿三层台基的御道，位于中轴线上，御道上各雕有九条神龙游弋于云

北京天坛祈年殿台基御道

北京紫禁城保和殿御道

水之间，这应该是御道中最隆重的形式了。保
和殿后面那一段最下层的御石长达17米，宽
约3米，重200余吨，当时这块巨石是花了众多
人力和兽力才把它由河北曲阳运到现场进行
加工的。皇帝上下台阶自然不会步行于充满雕
刻的御道上，而是由轿夫抬着轿子由御道上
悬空而过。在其他宫殿、坛庙、寺庙建筑的台
阶御道上都用这种龙纹雕饰，只是有大小不
同，龙纹多少的区别。在皇帝、皇后共用的宫
殿台阶上，御道上则同时雕有龙与凤的形象。
清东陵慈禧太后的定东陵大殿御道上，则和

龙凤御道

清代定东陵龙追凤御道

宫殿建筑台阶石雕

前面介绍的石栏杆一样,不但雕着龙、凤并呈,而且还是凤在上,龙在下,一幅龙追凤的图像。

　　一般台阶的踏步和垂带上多不做装饰以利于行人上下,但在紫禁城太和殿、保和殿这样重要的大殿上,其台基中央的台阶踏步与垂带上还是满布着雕饰:长条垂带上行龙游弋于祥云中,龙、凤、狮子、马匹分别雕在上下踏步上,不过这些雕刻都起伏很小,不会妨碍行人上下。

　　台阶两侧如设防护栏杆,它们的形式则和台基上栏杆相同,只是栏板随台阶的斜度而成为斜边形。但在花饰内容上小有变化,在总体上保持栏杆的协调一致。这里的栏杆随台阶而斜至地面,处于最下端的望柱因为受到上面栏杆的推力而需要有一种构件加以固定。这种构件最常见的形式就是圆鼓形的抱鼓石。一只或大或小的圆鼓,上下用卷草、回纹组成一个三角形的构件支撑住台阶最下端的望柱。在抱鼓石的双面都可以做雕刻装饰。在各地的石台阶上也见到用狮子代替抱鼓石的,一头石狮子或蹲坐或倒立在地,狮面朝外,背顶着望柱,同时还有护卫上下台阶行人的意义。

设栏杆的台阶

台阶栏杆上的抱鼓石

如果注意观察各地寺庙、祠堂的台阶，还可以发现一些十分有趣的形式。台基不高，台阶两侧理应采用垂带石，但垂带太简单，于是在垂带上加各种装饰。其中有用多只圆鼓上下相连，鼓上有狮子趴伏者；有在垂带石上伏卧着一条神龙者；有用夔纹组成阶台，上面有狮子坐卧或相互嬉戏者。它们组合自由，构思活泼，形象生动，大都处于正殿、正厅阶前中央，组成为庭院中十分引人注目的一处石雕装饰。

台阶垂带石上狮子装饰

台阶垂带石上龙形装饰

第六章

石碑、石牌楼

石　碑

石碑最常见于寺庙和陵墓建筑群中。不论是佛寺还是道观，在殿堂之前多能见到立在地上的石碑，碑上书刻着文字。在皇帝陵园或者普通的坟墓前也能见到立在墓前的石碑，上面刻有陵墓主人的姓名。在祠堂、园林里有时也能看到大小不同的石碑。

一、石碑功能

中国早期的石碑因所在场所不同而具有不同的功能。立于宫室、庙堂之前的石碑用以观察太阳照射所形成影子的位置从而辨明阴阳的方向。立于宫门、庙门之前的石碑用来拴马等牲畜，如同后来的拴马石、拴马桩。立在坟墓边的石碑用以拴绳索系棺木入墓穴，原来用木柱子系绳索，后来改用石材碑石，石上钻有一穿绳索的小孔，待棺木入土之后，将石碑一起埋入土中。后来石碑不埋进土而留在地面上，在石上书刻墓主人的姓名及生平事迹，这样的石碑立在坟前或墓前神道上，成了墓碑与神道碑。这种在碑上书刻记事文字的方式不但用在墓碑上，也逐渐用到宫门、庙门、宫室、庙堂前的日影石和拴马石上，于是碑石上刻文记事成了石碑的主要功能。

祠堂的石碑刻记着这座祠堂所属家族的历史以及修建祠堂的经过，有的还附有为建造祠堂出钱出力的族人名册。北京颐和园万寿山前立有一座很大的石碑，正面有清乾隆皇帝书写的"万寿山昆明湖"题字，背面刻记修建清漪园（颐和园原名）的过程，所以它既是题名碑，同时也是一座记事碑。北京明十三陵、河北遵化清东陵和河北易县清西陵，在这些陵墓建筑群中，石碑也兼有题名与记事的功能。明十三陵神道最前面有一座"神功圣德碑"或"神道碑"，碑石上刻记着安葬在这里的这位皇帝的"神功圣德"事迹。在陵墓最后墓室宝顶之前有一座"方城明楼"，楼上也立着一座石碑，碑上刻记墓主皇帝的姓名。例如明长陵碑上刻着"大明成祖文皇帝之陵"；明定陵碑上刻"神宗显皇帝之陵"。这些皇陵因为规模都很大，石碑又很重要，所以都置放在中轴线上，而且还建造专门的碑亭、碑楼保护它们。前面的神道碑立在一座碑亭内，亭正方形，四面设门洞，亭上为重檐歇山式屋顶，在亭外四角有的还立有四座华表以增添碑亭的气势。后面

北京颐和园昆明湖石碑

北京明十三陵碑亭

辽宁沈阳清皇陵方城明楼

的方城明楼碑立在一座方形的楼上，楼下为砖造城门座，城座上建重檐歇山顶的碑亭，所以称"方城明楼"，它位于墓室宝顶之前，相当于普通坟墓坟头墓碑的位置。

寺庙里的石碑为数最多，它们多立于殿堂之前，中轴线的两侧。碑上多刻记与寺庙有关的事迹，包括寺庙性质、建庙过程、寺庙兴衰等等。有的寺庙由于历史悠久，记载这些内容的石碑数量增多。例如山东泰安泰山下的岱庙是历代帝王祭拜泰山，举行封禅大典的地方，传说开始于秦汉，如今庙内建筑虽然多为明、清两代所建，但自古留下的石碑却多达150余座。其中有珍贵的泰山秦碑，刻有唐代诗人杜甫名诗"望岳诗"的"望岳碑"等。

石碑既有记事、记人的功能，在历史的长河中，就具有了记载历史的价值。由于书写文字的纸张、布绢以及早期的竹简、木简都没有石材坚实，所以尽管石碑文字不可能长而全，但它仍具有印证和补充历史的重要作用。例如四川西昌市光福寺内存有石碑百余座，碑上较详细地记录了历史上发生在这个地区的地震情况，包括明清以来几次大地震的时间、受震范围及建筑、人畜受损坏的情况，它们不仅具有史学价值，而且还是一

北京佛教寺庙内石碑

北京大正觉寺内碑林

份不可多得的科学史料。由于重要碑石上的文字多请书法家撰写，因此石碑还留下了历代不少书法家的真迹。泰山下岱庙中的150余座石碑中，就有书圣王羲之、王献之父子，宋代苏轼、米芾等名家的字迹，碑上草、隶、篆，颜、柳、欧等多种字体俱全，雕功也很精细。再加以石碑上多有雕刻装饰，所以兼具造型艺术之价值。石碑体量不大，但具有历史、文化艺术和科学多方面价值，所以很早就受到重视而得到妥善的保存与收藏。陕西西安有一座碑林，这是一处集中保存历代石碑的地方，早在唐代末期就开始建立，至宋元祐五年（1090年），又将唐代开成年间镌刻的石经碑刻集中到这里，并为石碑专门建造了存放的建筑。经过历代经营，至今已保存有自汉、魏以来至明、清各朝代的石碑共计2300余座，成为国内最大的石碑集中地，一座名副其实的石碑之林。近些年，北京文物局将散落在北京城郊各地的石碑移至大正觉寺，利用寺中空地将这些石碑集中陈列保管，如今已达百余座，成立了北京"石刻博物馆"，成为研究石碑文化的小"石碑林"。在这里要介绍和分析的并非石碑的全面价值，而只在于石碑的造型和碑石上的雕刻装饰。

二、石碑造型

在宋《营造法式》的石作部分，对石碑的造型有很清楚的说明。"赑屃鳌坐碑"是当时常见的一种石碑，它的整体分为碑首、碑身和鳌座三个部分。法式中规定："造赑屃鳌坐碑之制：其首为赑屃盘龙，下施鳌坐，于土衬之外，自坐至首共高一丈八尺。"关于赑屃盘龙的碑首，《法式》中说："下为云盘，上作盘龙六条相交，其心内刻出篆额天空。"关于鳌座，《法式》说："长倍碑身之广，其高四尺五寸，驼峰广三分，余作龟文造。"其中所说的尺寸只是相互之间的比例，并非绝对的大小尺寸。梁思成先生根据这些规定并参照大量古石碑实例，画出了宋式石碑的标准图像。从图中可以看出，碑首的六条盘龙每边各三条，龙头在碑的两侧面，头朝下，龙身倒立，左右两条龙的龙身、龙足相交盘结在碑的正、背两面，在它们的中央是"篆额天空"部分，这是刻写碑名的地方。碑首与碑身相接处有一层云盘相隔，即在石板上雕有云文装饰，故称云盘。石碑下面的"鳌坐"，因为古时将海水中的大龟称为鳌，所以鳌座即用大海龟做的碑座。古代神话传说共工氏怒触不周山，天柱折，地维缺，女娲氏断鳌足以立地之四极。鳌足既可以支撑住天地之重，可见其力量之大，用龟来背负一座石碑自然是轻而易举之事。民间还有一种有趣的传说：龟力气大，善于负重，但又好扬名，它常常负着三山五岳在江海中兴风作浪以显示自己。大禹治水时，收服了龟并用其所长，让龟推山挖洞。治水成功后，大禹搬了一块巨石让龟驮在背上，并在石上书刻了龟在治水中的功劳，这样既表彰了龟的业绩，扬名天下，又使龟无力随意行走，限制了它的破坏力，从此大龟就成了石碑之基座了。这当然是民间编造的传说，但也反映了古代对龟的认识。其实龟很早就与龙、凤、虎并列为四大神兽了。

在《营造法式》中还有一种"笏头碣"。"造笏头碣之制：上为笏头，下为方坐，共高九尺六寸……坐身之内，或作方直，或作叠澁，宜雕镌华文。"从图上可以看到，这种碣既无赑屃盘龙的碑首，也没有大龟负重的鳌座，这里的"坐"只是简单的规整的石座或须弥座。古时把有装饰碑首的碑石称为碑，把无装饰只是圆弧形碑首的碑石称为碣，《营造法式》也是这样区分碑与碣的，在大量实例中也确有造型复杂与简洁之分，其区别主要表现在碑首与碑座的形式上，但在名称上往往不严格区分而统称为"碑碣"，或简称为碑。

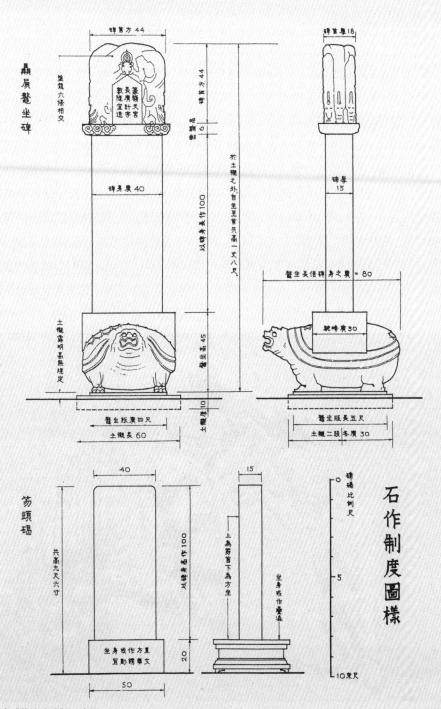

碑首方44

螭首 六條相交

篆額天宮
長廣計字
數隨宜造

碑首方44

螭高 6

碑身廣40

於土襯之外自坐至首共高一丈八尺,

以碑身長作100

鼇坐高45

土襯露明高無規定

鼇坐版廣四尺

土襯長60

土襯厚10

贔屭鼇坐碑

碑首廣18

碑身 15

鼇坐長倍碑身之廣=80

駝峰廣30

鼇坐版長五尺

土襯二段各廣30

40

共高九尺六寸

以碑身高作100

坐身或作方直
並彫鑴華文

50

20

笏頭碣

15

上為笏首下為方坐

坐身或作礓磋

碑碣比例尺

石作制度圖樣

碑碣比例尺
0
5
10宋尺

宋《營造法式》石碑圖

209

三、石碑装饰

宋《营造法式》把当时的石碑造型进行了总结归纳而使之规范化，但在封建社会各地区交流少，相对隔绝的情况下，各地石碑的造型很难做到统一而规范。同时在整体造型保持一致的前提下，细部的装饰仍各具千秋，因此有必要进一步去观察各地石碑的装饰处理，从而发掘出石碑在艺术上的特征与价值。

碑首装饰：在众多的石碑上，我们见到碑首的装饰确为《营造法式》所规范的"赑屃盘龙"形式，但盘龙却并非都是左右各三条，而是根据碑身厚薄而定。陕西乾县唐代乾陵墓道上有一座石碑，碑身很厚，碑首两侧各有四条龙；而有的碑身薄者则两侧只有两条盘龙。这些龙的龙头朝下，龙体倒立，碑身正、背两面均用龙足盘交，中心留出"篆额天宫"位置。在这里，龙足盘交的形态既相似又不相同。篆额天宫的形状更为多样，有长方、正方、椭圆诸种式样，其中有的四周有边框，有的无边框。有的甚至做成牌楼、小亭形。

赑屃盘龙碑首

螭质盘龙碑首

石碑的"篆额天空"

有不少石碑碑首的盘龙龙头不在两侧而出现在碑首正面。龙头在下，龙身在上，左右两龙相对，有的中央还有一颗宝珠，形成双龙戏珠的场面，龙身相互盘卷，留出中央的篆额天空。在有的"笏头碣"形式的碑首上也用这样的装饰，在碑首的正、背两面都雕有双龙盘卷，或数条龙游弋于云水间，或单条巨龙盘卷碑首，龙头突出于碑首中央。

有一类石碑，在碑首中央的篆额天宫位置雕刻着佛像，而碑身上也雕刻着佛教内容的文字或图像，这种石碑称"造像碑"，它没有记事、记人或题名的功能，而是一种佛教造型艺术品。

笏头碑首

龙头在正面的碑首

龙头在正面的碑首

北京存有一批传教士的墓碑，称"耶稣会士碑"。这批传教士传授的是基督教或天主教，但他们的墓碑却采用了中国传统石碑的形式。这批石碑大多建于清乾隆时期，其碑首也是在正面雕着双龙戏珠，中央的篆额天宫部分雕着一个十字架。但多数传教士墓碑碑首上不用龙纹而用云纹和植物花草纹，围着中央的十字架。在小小的一块石碑上也表现出了一个时代中、西文化的交流与交融。

石碑碑首除了大量采用赑屃盘龙形式之外，也有少量采用房屋屋顶形式的。河北承德避暑山庄六和塔塔院内有一座石碑，其碑首为四面坡攒尖式屋顶，四条屋脊上各蜷伏着一头瑞兽，兽头向上由四方簇拥着中央的宝顶，四面屋顶上雕有植物纹样。屋顶下不用斗栱而用混形屋檐板过渡至梁枋，梁枋正面雕有两条草龙拥着中心的篆额天宫，整个碑首显得很华丽。

碑身装饰：碑身为石碑的主要部分，它的正面和背面都用来刻写碑文，如果在这一部分

佛教造像碑

215

北京传教士墓碑碑首

河北承德六和塔院石碑碑首

加装饰则集中在碑身的左右两侧面和正、背两面的周边，也就是说，碑身上的装饰必然是长条状的边饰。综观众多石碑碑身的边饰，大多用龙纹或植物枝叶组成。这里特别要注意的是唐代石碑碑身两侧的边饰，它们由植物枝叶组成，称卷草纹样。这类植物纹样早在五千多年前的陶器上就已见到，用植物的枝叶、花卉连续组成带状的花饰纹样。以后在敦煌石窟的历代壁画中也可以看到这种纹样。经过工匠在实践中不断创作，更吸取了随着佛教传入的，流行于西方和中亚地区的植物纹样，从而出现了一种更为成熟的植物卷草纹，它的特征是线条潇洒自由，形象多样而丰满，因为它出现在唐代，因此被称为"唐草"，唐草可以称得上是中国古代装饰花纹达到高峰的标志。留存至今的唐代石碑恰恰能使我们看到这种唐草。但遗憾的是，这种潇洒自如的唐草在以后的明、清时期石碑上却很少看到了，代之而起的是龙纹和卷草结合的草龙纹。尤其在一些皇家园林、寺庙内的石碑上，多用高起的雕刻表现这种边饰，形象很突出，但喧宾夺主，反而失去了作

清代石碑龙纹边饰

为边饰的意义。

　　碑座装饰：宋《营造法式》所规范的两种碑座可以说概括了所有石碑碑座的形式。鳌座即以龟作座，趴伏于地面的龟，四足撑地，龟首向前伸出并微微向上昂起，龟背上有硬甲，甲上有六角形龟背纹。龟背上有一块长方形驼峰，承托着上面的碑身。这种龟形鳌座不但总体上造型逼真，而且连龟头上的眼、嘴、鼻、龟舌、龟牙和龟的尾巴都刻画得很细致。可以看出，凡碑首、碑身上雕刻多而细者，则

唐代石碑侧面卷草纹装饰

龟形鳌座

龟座也雕刻精致。这类碑下之龟总显出一种既负重压又不感十分吃力的神态。

另一类碑座或用方整石座，或用须弥座。方整石座也有在四个垂直面上加雕刻装饰的，内容往往与碑首相同，多雕刻龙纹和植物纹样。须弥座式样多很标准，讲究的在上、下枋，束腰部分都加雕饰。碑座作为承托部分本不应加过多的装饰，在有的碑座上不但雕饰多而且还采用高浮雕技法，如此一来，装饰效果很突出，但却破坏了作为石碑基座应有的整体形象。

石牌楼

一、牌楼功能

　　牌楼是一种标志性建筑，多竖立在比较讲究或重要的建筑群的人门之前，与大门围合成门前的地域。北京颐和园东宫门前有一座三开间的大牌楼，北京卧佛寺大门前也有一座琉璃牌楼，它们都成为标志性建筑。除了建筑群体门前设立牌楼之外，在有些城市的交通要道上也设牌楼。明、清时期北京作为都城，在东、西长安街，在东城、西城中心十字路口上都建有木牌楼，以作为重要街区的标志。

北京颐和园东宫门牌楼

221

北京卧佛寺门前琉璃牌楼

安徽歙县棠越村七牌坊

牌楼的另一功能是纪念和表彰一件事或人物。某人在朝廷当了官，立了功；某人在家乡乐善好施，为百姓做了好事；某位女性年轻丧夫，在家抚幼养老，恪尽孝道，恪守贞节……都会在发生事件的当地和当事人的故里竖立"功名牌楼"、"贞节牌楼"，以资纪念和表彰，对百姓起教化作用。安徽歙县棠越村的村口大道上一连竖立着七座石牌楼，其中表彰做官的一座，在家尽孝的三座，乐善好施的一座，妇女守贞节的两座。这些牌楼不但表彰了其人其事，同时也向百姓宣扬了忠、孝、仁、义的封建道德。

　　牌楼原为木制，采用木构架结构，但是木牌楼经不住日晒雨淋，不能保持长久，于是石制牌楼逐渐代替了木牌楼，如今各地留存下来的多数为石牌楼。

二、牌楼造型

　　无论是标志性牌楼，还是纪念性牌楼，由于它们所在位置多很显要，所以都十分注意其本身的造型。木牌楼像木结构房屋一样，都有顶、身、座三部分。牌楼体量的大小与房屋一样，决定于横向的面宽有多少开间和开间的宽窄，所以牌楼也有单开间、三开

两柱单开间牌楼: 颐和园仁寿门

四柱三开间牌楼: 山东曲阜孔庙牌楼

间、五开间和开间大小的区别。但与房屋不同的是牌楼上的屋顶可多可少。单开间的牌楼顶上可以用一个屋顶,也可用双重顶或者三重屋顶。一座四柱三开间的牌楼顶上可以有三座顶,也可以有四座、五座,甚至七座顶。因此对一座牌楼的造型而言,其体量的大小除开间多少及其宽窄之外,还要看牌楼顶上有几个屋顶,同样为三开间的牌楼,五座屋顶的比三座顶的大,七座顶的造型更大也更宏伟。

牌楼身为由柱子组成的开间,多数作为标志和纪念性的牌楼柱间不设门扇,可以自由通行,只有当牌楼处于建筑群体院墙上的才在柱间安设门框、门扇,这样的牌楼就成为一座牌楼大门了。

牌楼的柱子立在地面上,用夹杆石将立柱固定。如果牌楼屋顶多而大,重心不稳,则在每根立柱上都加两根戗柱一前一后支撑住立柱,从而增加了牌楼的稳定性。

颐和园排云殿牌楼，四柱三开间七顶

颐和园荇桥牌楼，四柱三开间三顶

石牌楼代替了木牌楼，但它们的形式还保持着原来木牌楼的式样。一排柱子立在地面上，下面有夹杆石固定，有的前后也用戗柱加固，柱上架着梁枋，梁枋上有成排斗栱支撑着屋顶，只是所有立柱、梁枋、斗栱、屋顶全部都由石料制作。各地众多的石牌楼向我们显示，它们的造型也逐渐出现了变化。由于石牌楼的石柱子比木柱子尺寸大而且重量重，因此不需要戗柱加固了；用石料制作斗栱太费工而且也不坚固，所以用屋檐下的石块或者整段石板作为屋顶到梁枋的过渡而代替了斗栱；屋顶用整块石料雕刻而成，并且逐渐简化成为一条长石，上面刻出瓦垄置于梁枋之上。总之，石牌楼的各部分都依照石料的特点改变了原来仿造木结构的形式，开始创造出适合石料特性的牌楼造型。

江苏常熟石牌楼

颐和园五方阁石牌楼

颐和园众香界琉璃牌楼

简化的石牌楼（上）江苏常熟言子墓牌楼（下）山东曲阜孔庙牌楼

三、石牌楼装饰

先看牌楼顶的装饰。牌楼顶和房屋顶一样，有四面坡的庑殿顶、歇山、悬山、硬山多种形式。顶上有屋脊，正脊两端有正吻，戗脊头上有走兽，只是这些装饰全部都用石料雕琢而成。有意思的是，石牌楼也像南、北方建筑的屋顶具有不同的风格一样，南方石牌楼屋顶的四个角也翘起很高，而北方的屋顶四角比较平缓。安徽黟县西递村石牌楼屋顶四角翘起，连正脊两端的正吻也采用当地门头上惯用的鳌鱼，鱼嘴衔着正吻，鱼身倒立，还有两根鱼须伸向天空，使整座屋顶造型轻巧，具有南方建筑特有的风格。

河北易县清西陵石牌楼

安徽黟县西递村石牌楼

安徽黟县西递村石牌楼局部

再看梁枋和立柱上的装饰。木牌楼上这两部分都习惯用彩画装饰，在石牌楼上当然都用石雕代替了彩画，有的在梁枋上完全按彩画的样式刻出相同的纹饰，一根梁枋上有枋心、箍头、藻头三部分，分别雕刻出龙纹、旋子、植物枝叶等内容。但多数石牌楼还是发挥了石材料的优势，用更丰富的石雕在梁枋和柱子上进行装饰。在西递村石牌楼的梁枋上可以看到双狮耍绣球、麒麟、鹤、鹿等瑞兽和植物、牌楼等装饰，为了凸显它们的形象，多用高浮雕技法。

固定立柱的夹杆石是牌楼很重要的部分，木牌楼、石牌楼夹杆石都由石料制作，由于它位于立柱下部，立于地面之上，离行人视点最近，所以夹杆石上多有雕刻装饰。夹杆石有两种形式，一是用石料包围住石柱，形成一个方整的石座，石座的四个垂直的面上都可以用雕饰。另一种形式是在柱子的前后两面用抱鼓石夹持，抱鼓石的大小视牌楼石柱子的高低而定，在有的抱鼓石上还加有石狮子，狮子或蹲坐，或头在下，狮身倒立紧贴在柱子上。

石牌楼基座形夹杆石

石牌楼夹杆石

　　综观各地石牌楼，尤其是纪念性石牌楼上的石雕装饰，常见的除了狮子外，还有麒麟、仙鹤、鹿等瑞兽，并且用万字、回纹、绶带、卷草、席纹作底纹。古代用凶猛的狮子、老虎、豹代表武功，把麒麟、鹿、鹤称作仁兽，代表文才，所以在纪念性的牌楼上多用这些动物为题材表现文才武功，显示出主人的亦智亦勇，以炫耀门第。

　　当我们介绍了牌楼屋顶、梁枋、立柱和基座等部分的装饰之后，再以具有代表性的三座石牌楼为例，观察它们通过装饰表现出来的不同造型特征。

　　牌楼之一是河北易县清西陵石牌楼，牌楼共三座，分别立于清泰陵神道前端的三面，围合成陵前的广场。三座牌楼形态相同，均为六柱五开间，上有十一座屋顶。屋顶为四面坡庑殿式，正脊两端有龙形正吻，四个戗脊上有小兽，四角起翘平缓。在梁枋和柱子的上部都按照木牌楼上彩画的样式用浅浅的浮雕雕出龙、花草等纹样。方整的夹杆石四面也都有龙与麒麟的雕刻。在柱子与夹杆石交接处，还有两只麒麟一前一后环护着柱身。牌楼的石柱和梁枋尺寸都比木牌楼的粗大，总体造型具有北方官式建筑稳重而华丽的风格特征。

河北易县清西陵石牌楼

牌楼之二是安徽黟县西递村的石牌楼，这是一座表彰功德的牌楼。村人胡文光在朝廷为官三十二年，业绩显著，皇帝赐建此牌楼，所以在牌楼中央刻有"恩荣"二字，两侧有雕龙相拥。牌楼建于明万历六年（1578年），四柱三开间，上有五座屋顶。四根立柱上架设三层梁枋，形成中央高、两侧低的多层屋顶。梁枋上有斗栱支撑屋顶，斗栱形式与木斗栱相同，而且和木斗栱一样也附有装饰性的花板，斗栱之间透空而不用栱眼板。梁枋上有石雕装饰，雕有麒麟戏逐、鹤麟同春、虎豹呈威等内容。立柱上还做出枋子的出头，在伸出的枋子头上各站着一位人物雕像。四根柱子和梁枋都不粗壮，柱下部有倒立的石狮子组成的夹杆石。尽管从柱子、梁枋到斗栱、屋顶全部都是石料制作，但由于屋顶的起翘屋角与正吻、斗栱之间的透空和各种雕刻处理，使这座古徽州地区的石牌楼具有空透、轻盈的风格，保持了江南建筑的风格特征。

牌楼之三是山西五台山龙泉寺的石牌楼。牌楼位于龙泉寺山门之前，前临很陡的斜坡，当行人经过数十步石阶向上攀登时，石牌楼迎面而立，形象十分突出。牌楼为四柱三开间，顶上只有三座屋顶。三个开间均有梁枋，梁枋之间设字牌，梁柱之间有挂落，并且在中央开间的上方还特别加了垂柱与柱间花板的装饰。梁枋之上为斗栱，斗栱上置檐檩，檩上有檐椽与飞椽两层椽子，椽上有望板，上铺瓦面。屋顶为歇山式，正脊、垂脊、戗脊上正吻、走兽齐全。由于屋顶大而且出檐远，所以在四根立柱上都加了前后戗柱作支撑。可以说凡木牌楼上所有构件与装饰在这座石牌楼上都一应俱全，所不同的是，在这里所有的构件上都加了石雕装饰。梁枋上、柱间的挂落上都雕着双龙戏珠；几根短短的垂柱和垂柱间的花板上雕着不同的人物、花草；斜撑的戗柱上有盘龙相绕成为一根根龙柱；连屋顶博风板头和屋檐上成排的瓦当、滴水上也满布雕饰。这些石雕不但满布各处，而且多采用高突的雕刻，在柱间的挂落和花板上甚至用了透雕。在石牌楼的正面字牌上书刻着"佛光普照"和"共登彼岸"、"会赴龙华"，所以牌楼才用如此多而突出的雕刻表现出佛教天国的繁华，但从牌楼整体造型上看，使人感到的反倒是一种繁杂与缛重。

山西五台山龙泉寺石牌楼

龙泉寺石牌楼局部

第七章

砖塔与石塔

塔是一种佛教建筑,所以也称佛塔。塔最初产生于印度,它是埋藏佛舍利的纪念性建筑,把佛的舍利埋藏于地下,在它的上面堆筑出一座半圆形的土堆,外面用石材包砌并有雕刻装饰,名称为"Stupa",翻译为"塔波"或称"浮图",简称为塔。这种半圆形的塔随佛教传入中国后,与中国原有的楼阁相结合而产生了中国式的佛塔,它的形象是下面为中国木结构的多层楼阁,在楼阁顶上安放一座"塔波"作为楼阁之顶,所以称为楼阁式佛塔。木结构的楼阁式塔因为很高,极易受到雷击而引起火灾,古代不少著名的木塔都因此而被烧毁,所以逐渐用砖代替木料而建造高塔。这种砖造楼阁式塔在实践中又发展出一种密檐式塔,它的特点是把塔的底层以上的各层楼压低,形成多层屋檐相叠,将塔分为塔身、密檐、塔刹(即塔顶)三部分,其中密檐部分所占比例最多,故称密檐式塔。之后,又从印度等地传入佛教的喇嘛塔、金刚宝座塔等几种形式,形成了中国佛塔多种形式并存、共同发展的局面。

佛塔形式示意图:从左至右,印度窣堵坡、密檐式塔、楼阁式塔、喇嘛塔、金刚宝座式塔

砖　塔

　　用砖建造的佛塔主要有楼阁式和密檐式两种。喇嘛塔也是用砖筑造,但是在塔身的外面全部用白灰面覆盖,不露出砖材。金刚宝座塔大部分由石材建造,用砖造的很少,这里所要介绍的是砖塔上的装饰,所以集中讲楼阁式和密檐式两种砖塔。

一、砖塔造型

砖塔的造型是指塔整体形象的塑造。同为密檐塔,同样分为塔身、密檐和塔刹三个部分,但有的造型坚实稳重,有的显得峻峭。

云南大理崇圣寺有三座佛塔,均位于寺门之前。三塔鼎足而立,位于中央的千寻塔最高,建于唐敬宗宝历元年(825年),塔身方形,自下而上分塔身、密檐与塔刹三部分,这是一座典型的唐代密檐式佛塔。全塔坐落在平坦的两层台基上,台基上下两层分别为21米与33米见方,共高约3米。以上为方形塔身,9.85米见方,立面呈瘦高形。塔身之上为16层密檐,自塔底至塔刹共高66.13米,为现已发现的唐代佛塔中最高者。千寻塔整体轮廓由下至上呈曲线形,底层塔身瘦高,自塔身向上至塔中段的外轮廓向内作直线收分,但收分不大。至第九层塔檐开始向上作明显的曲线收缩直至塔刹。这是指塔的纵向外形

云南大理崇圣寺三塔

而言；从横向看，密檐部分的每一层出檐檐口都呈曲线，即两边檐口相交的角都微微向上起翘。正是这纵、横两方面的曲线处理，使这座高塔显得既高耸挺拔又柔和优美。

千寻塔两侧的佛塔建于宋初，是平面八角形楼阁式砖塔，坐落在八角形的砖筑台基上，底层高瘦，以上各层较低，共高十层42.19米。塔身以上的各层下有平座，上出屋檐，檐口两头也微微起翘。整座塔下四层上下外轮廓呈直线，自五层开始向上方有收分，所以整体造型不如千寻塔那样俊秀。由一座密檐、两座楼阁式佛塔组成的塔群，屹立于苍山之麓，成为远近闻名的景观。

北京天宁寺塔建于辽代，这是一座典型的辽代砖筑密檐式佛塔。塔平面八角形，坐落在方形台基上，下为塔座、塔身，上为13层密檐，顶为塔刹，总高57.8米。佛塔塔身直立，密檐部分向上有直线收分，每一层檐口之交角微有起翘，使密集重叠的屋檐略显变化。经过这样的处理，塔的总体造型显得坚实而稳重。

河北正定临济寺内有一座同类型的砖筑密檐式塔澄灵塔，初建于唐代，金大定年间（1161－1189年）重修。塔平面八角形，坐落在方形台基上，塔身以上有九层密檐，通高33米。塔身直立，以上密檐部分有明显的直线收分，顶上塔刹造型细

崇圣寺千寻塔

崇圣寺宋代砖塔

北京天宁寺塔

河北正定临济寺澄灵塔

而高，因此使澄灵塔整体造型显得瘦高而挺拔，与北京天宁寺塔相比，具有不同的造型特征。

二、砖塔装饰

现在从装饰角度再来审视上面所介绍的几座佛塔。

初看云南大理崇圣寺千寻塔，峻峭的塔身干干净净，几乎看不见有什么装饰，但仔细观察仍可以发现塔上的一些装饰处理。密檐层的每一层出檐都用砖一层压一层向外层层挑出，但是在最底下却用砖排列出锯齿形的菱角牙子组成一道装饰边缘。在密檐部分，每一层很低的塔身上没有墙上的壁柱和梁枋，只在中央设一券洞或佛龛；龛洞两侧各有一座突出于塔身的单层小塔，小塔也有双角起翘的屋顶和塔身上的小门洞。这小龛、小塔既有佛教内容，又起到装饰作用，洁白单纯的塔身上，自上而下排列着一串小龛小塔，使佛塔更显灵巧。

大理千寻塔局部

崇圣寺的两座宋塔是楼阁式塔，在每一层的塔身上都有装饰。八个面的相交处都有突出墙面呈串珠形的壁柱，柱上有横梁。在每一层塔面正中都有佛龛或者突出墙面的小塔，塔虽小但却很细致，形式上又分为两种，一种为单层歇山式屋顶，另一种为三层楼阁式，一层一种样，隔层交替使用，在这些小塔的底部都有灵芝与祥云组合的花饰承托。经过这些细致的处理，这两座宋塔也显出几分华丽。

北京天宁寺塔全部由砖筑造，塔身以下有须弥座和由三重莲瓣组成的莲座承托。塔身八个面相交均有圆形角柱。四个正面中央设券拱门，门内雕出格子门两扇；四个斜面中央砌出直棂窗。角柱之上有梁枋，梁枋之上有砖筑斗栱支撑着上层檐口，这种檐下斗栱在每一层密檐下都有。在每一面塔身的门、窗上方及两侧均附有菩萨和力士等雕像，使佛塔增添了佛教内容。

河北正定临济寺澄灵塔的装饰和北京天守寺相仿。塔身以下为须弥座和平座，平座四周设栏杆，在栏板上雕有万字纹与植物卷草花纹，栏杆上有多层莲瓣承托着塔身。塔身八个角均有突出的圆形角柱，柱上有梁枋，梁上置斗栱支撑上面的屋檐。塔身四正面雕出圆券门，门内设格子门；另四个面设窗。在这些门窗上均附有细致的砖雕装饰，圆券门上方有莲荷和

大理崇圣寺宋塔局部

北京天宁寺塔塔身装饰

245

澄灵塔塔身装饰

双龙戏珠的雕饰；门内格子门的格心雕有菱花和条纹两种纹样，裙板上也雕有植物花卉；窗上也雕出透空的条格纹样。这些雕刻都采用高浮雕和透雕手法，使它们的装饰效果比较明显。所以尽管澄灵塔上没有菩萨和力士的雕像，但有了这些细致的装饰处理，整座塔仍能显出几分华丽。

在介绍了多座砖塔的装饰之后，需要集中地讲一下塔顶的造型和装饰。前面已经讲过，佛塔的原创"塔波"传至中国后，把它放在了楼阁的顶端成了中国佛塔的塔顶，称为"塔刹"，所以塔刹不仅位于塔之顶端，在整体造型中具有重要意义，而且还具有佛教的人文内涵。经过长期的实践，通过工匠之手，根据佛教的内涵和造型的需要，这类塔刹不简单只是一个覆盆的形状了。在各地众多的佛塔上出现了多种形态的塔刹，从它们的造型中可以归纳出塔刹的基本形制：塔刹自下而上可以分为刹座、刹身与刹顶三部分，中央有一根刹杆贯穿上下将它固定在塔顶。刹座多为须弥座，或为简单的台座，压在塔顶的瓦上，座上有象征佛教的莲瓣作装饰。刹身由贯套在刹杆上的圆形环组成，多层

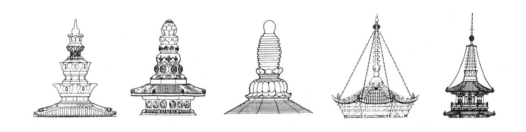

佛塔塔刹图：从左至右，山西平顺明慧大师塔、江苏南京栖霞寺舍利塔、河南登封嵩岳寺塔、福建泉州开元寺仁寿塔、浙江杭州闸口龙山白塔

圆环上下串在一起称为"相轮"，或称"金盘"，有敬佛和礼佛的作用。相轮之上有伞状的华盖，又称宝盖。最上部分的刹顶多用宝珠组成，或单个宝珠，或多个宝珠相叠。有的在宝珠外附有火焰纹装饰，称"火珠"，但因避讳"火"字以免遭火灾之害，所以改称为"水烟"。这样的三段相加的塔刹只是基本的形制，在各地大量佛塔上，都会出现不同的处理与创造。例如刹座的形状会根据塔身的四方、八角形而采用方形、八角或者圆

形。刹身的相轮也有多少之分，佛塔越高大，相轮层数越多，因而塔刹也越高。相轮多用金属制作，但在一些砖、石塔上，也有在实心的砖筑刹身上做出重叠的环状外形，或用石料雕出环状的。刹顶的宝珠也根据整体造型的需要而采用或圆浑或尖峭的形式。

现在具体看一下前面说到的北京天宁寺塔和河北正定澄灵塔的塔刹造型。前者的塔刹全部用砖筑造，从地面能见到的只是刹身相轮以上的部分，用莲瓣组成的两层宝盖，以上是八角基座上的浑长圆形的宝珠。后者的刹座为砖筑圆形基座，下有莲瓣承托，刹身的相轮部分为九层金属环串联而成，相轮以上

河北正定澄灵塔塔刹

北京天宁寺塔塔刹

有两层圆形宝盖，刹顶用三颗宝珠组成刹尖，上下组成一座相当标准的塔刹。可以看得出，同为砖造密檐式的两座佛塔，根据两者整体造型上的不同风格，各自采用了两种不同形式的塔刹，从而增添了它们一为浑厚稳重、一为峻峭挺拔的风格特征。

下面还要介绍两座比较特殊的砖塔以及它们的装饰。一为河南安阳修定寺砖塔，建于唐代。塔平面方形，为单层佛塔，现塔顶已毁，仅存塔身，高9.3米。此塔特殊之处是在塔身表面全部用雕砖覆盖。塔身四角有雕砖角柱，四个面上全部用模制的雕砖紧密砌筑。这些模制雕砖雕的是兽面、真人、武士、飞仙、马、象、法轮、结带等共达六十余种。模砖呈菱形，四周有绳纹，相互之间连结紧密，做功很细。唐代留存的单层佛塔不少，但这种满面砖雕，既有佛教内容又极富装饰效果的佛塔实属少见。

河南安阳修定寺塔

修定寺塔塔身装饰

新疆吐鲁番苏公塔

新疆吐鲁番苏公塔局部

　　另一处是新疆吐鲁番苏公塔，建于18世纪中叶清乾隆时期，为吐鲁番郡王苏来满为他的父亲额敏所建的纪念塔，所以又称额敏塔。因塔附设于清真寺邻旁，所以同时又是该清真寺的邦克楼。塔中空，有旋梯可登至塔顶作召唤之用。它不属于佛塔之列，但既为纪念塔，又附特殊的装饰，所以在这里作一介绍。塔高44米，全部用当地黄土制作的土砖筑造，土砖不能作雕刻，所以完全用砖拼砌出花纹以作装饰。从上至下用十字、斜方菱形、花瓣以及各种几何纹等十多种花饰组成十条不同宽窄的环形装饰带，使这样一座炮弹形的、造型单调的高塔具有了美丽的外观，从而成为该地区富有特色的艺术珍品。

石　塔

　　在中国各种类型的佛塔中都有石造的塔。福建泉州开元寺双塔和浙江杭州灵隐寺大雄宝殿前双塔均为楼阁式石塔。北京碧云寺金刚宝座塔上可以见到石造的密檐式塔和喇嘛塔。山东历城和山西平顺分别有唐代留存下来的单层石塔龙虎塔与明惠大师塔，在这两座单层石塔的塔身上都雕刻有佛、菩萨、力士、天神、飞天等形象，具有很好的装饰效果。在金刚宝座式佛塔中除个别为砖造外，大部分皆为石造，所以这里主要介绍的是金刚宝座石塔上的装饰。

山东历城龙虎塔　　　　　　　　　　　　　　山西平顺明惠大师塔

金刚宝座塔的造型是下面有一层高高的金刚宝座，座上面立着五座塔，中央的略大，四角的较小。这种造型的意义是下层宝座代表佛教里的圣山须弥山，座上五座塔代表圣山上的五峰，因此塔即是佛居住的须弥圣山的象征。另一种含义是宝座上五座塔分别供奉着佛教密宗金刚界五部主佛的舍利，因此称金刚宝座塔。正因为有如此特定的含义，所以宝座和石塔上多有石雕的装饰。现在举出几座著名的此种类型的塔，分析它们的装饰。

一、北京大正觉寺金刚宝座塔

大正觉寺位于北京西郊，初建于明永乐年间，清乾隆二十六年 (1761年) 改建，寺内建筑大部分已毁，只有这座石塔被完整地保存至今。塔建于明成化九年 (1473年)，是此类塔中年代较早者。塔宝座略呈方形，最下一层为须弥座，在它的束腰部分均匀地雕有

北京大正觉寺金刚宝座塔

253

频伽、象、狮、吉祥花、法轮、如意珠等佛教中的法器、法宝。须弥座以上部分均分为五层，每层均有挑出的短短的屋檐，长条的座壁上用突出的壁柱分隔为一个个小龛，龛内端坐着一尊佛像。

大正觉寺塔宝座

大正觉寺塔须弥座雕饰

大正覺寺塔宝座上西塔

宝座之上立有五座密檐式石塔，中央一座略高于四角的小塔，下为基座与塔身，上为密檐。中央大塔有十三层密檐，四角小塔皆十一层密檐，每层檐的四角皆挂有铜铃；顶为塔刹，皆由相轮、宝盖和宝珠组成。从小塔的整体造型看，下部塔身直立，密檐部分有明显的直线收分，直至塔刹之顶端，使小塔虽由石作而造型挺拔。

在五座密檐石塔上，下面的基座为须弥座，束腰上雕有护法狮和法器，上下用莲瓣与座枋相接。塔身部分雕有释迦佛与普贤、文殊菩萨的像。在密檐部分的每一层檐下整齐地排列着佛雕像。所以在这座金刚宝座塔的每一部分，从金刚座到五座塔，它们的表面几乎满布石雕，但除了塔身中央龛内的佛像用高起的立雕之外，其他都用比较浅的浮雕，因此近看很细致，而远观则保持了全塔整齐的外部造型，使它成为一座佛教雕刻艺术品。

二、北京碧云寺金刚宝座塔

此塔位于北京西郊碧云寺内。碧云寺建于元代，明代重修，清乾隆十三年（1748年）增建此塔。整座寺院建于山坡之上，依山就势，由低到高，面向东方开阔之地。石塔建于寺院最后的高坡上，凌驾于多进寺院建筑之上，显得很有气魄。

石塔下部为宝座，座上建一大四小密檐式石塔，但独特的是在宝座的前方又建了一座方形小宝座，座上又立着五座更小的喇嘛石塔，相当于在大金刚宝座塔上又加了一座小金刚宝座塔。而且在这座小金刚宝座塔的左右两则又立着一座石造喇嘛塔。像这样塔上加塔的金刚宝座塔在国内实属少见。正因为有如此丰富的造型，才使它成为整座碧云寺最后的一座压轴的重点建筑。

石塔上上下下各部分都有装饰。宝座很高，底部为须弥座，座以上分三层，第

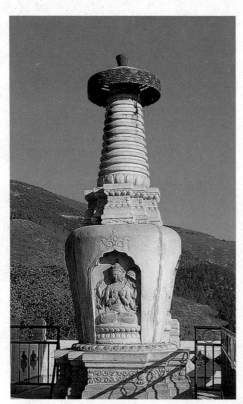

北京碧云寺塔宝座上喇嘛塔

北京碧云寺金刚宝座塔

北京碧云寺塔宝座

青岛市塔宝座上密檐塔

一、三两层都雕有成排的端坐着的佛像。第二层雕着一排狮子头，狮子在佛教中为护法兽，这一系列的狮头在这里自然也起着护佛的作用。宝座上五座密檐石塔的塔身上都雕有释迦佛和普贤、文殊等菩萨像。各层密檐檐下虽设有雕刻佛像，但檐口的瓦当、滴水，屋角的仙人、走兽，檐下的双重椽子，都表现得很细致，实际上也起到装饰的作用。密檐部分均有明显的直线收分。塔刹立着一座小喇嘛塔，顶端有金属的宝盖。这五座石塔外形简洁，局部细致，连小小瓦当、滴水上的花饰也表现得很清晰，实属当地的精品。

三、北京西黄寺清净化诚塔

清乾隆四十五年（1780年），西藏活佛班禅六世来北京，因病圆寂于京城，朝廷将他的舍利送回西藏后，特地在他北京的驻地西黄寺建造衣冠塔以资纪念，取名为清净化诚塔。西黄寺位于北京西郊，塔位于寺内中心位置，采取金刚宝座塔的形式，即在金刚座上建造五座塔。与其他金刚宝座塔不同的是，除中央主塔为喇嘛塔外，四角不用塔而用了四座经幢，经幢也是佛教建筑之一种，石造柱体上书刻经文，立于佛寺主要殿堂之

北京西黄寺清净化诚塔

前。所有宝座、喇嘛塔与经幢皆为石造。

清净化诚塔很注意石塔上的装饰。主塔为石造喇嘛塔，塔下有一层八角形的须弥座，座上又重叠有四层石座，座上才是喇嘛塔的覆盆形塔身，塔身上为塔刹。最下层的须弥座可以说满布着石雕。上下枋及混枭部分满雕凤凰、卷草、花卉、云纹等装饰；束腰部分的八个面上各雕有一幅释迦佛八相成道本生的故事，画面上满布佛成道、涅槃和菩萨、罗汉以及山石、树木、房屋等等组成的雕刻内容，束腰的八个拐角上分别雕有金刚力士的蹲像。须弥座以上的四层石座的四个面上都雕有小佛像，每层每面各两尊，共计三十二尊，佛像之间满布云纹。塔身正面龛内雕着三

清净化诚塔基座雕饰

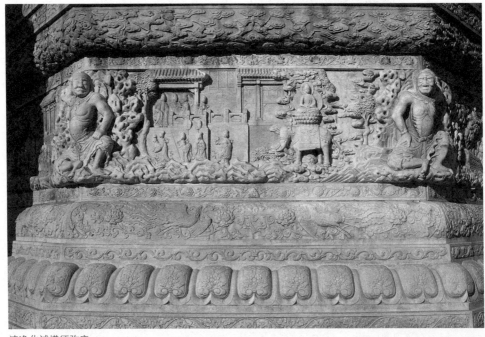

清净化诚塔须弥座

清净化城塔塔身雕饰

世佛像三尊，佛龛两侧分布着八大菩萨罗列在塔身周围。塔刹部分下有刹座，中为九重石刻相轮，上有金属宝盖，宝盖之上为两重金属制作的莲瓣宝珠刹顶。综观这座石塔的雕刻装饰，它们的特点是既多又细。石塔自上至下几乎每一部分都有雕饰，而且雕工很细。塔下须弥座的每一部分都用卷草、莲瓣纹装饰，这些莲瓣上都加刻纹样而成为"宝装莲花"。覆盆塔身之下有宝装莲座承托，上部边缘还有一圈素莲瓣边饰。塔身正面三世佛龛周边也有一道卷草纹组成的装饰。塔身上的八大菩萨足踩祥云，身后还有法器组成的雕饰。全塔虽有如此繁多的雕饰，但因多采用了浅浮雕技法，所以远观仍保持了整座石塔的完整形象。在简洁无雕饰的基座上，白色石塔，金属塔刹，在蓝天衬托下，显得庄严而凝重。

金刚座舍利宝塔宝座

四、内蒙古呼和浩特金刚座舍利宝塔

　　塔位于呼和浩特市慈灯寺内，建于清雍正年间（1722—1735年）。这是一座砖、石相混，以砖为主要材料建造的金刚宝座佛塔，它保持下有宝座上有五座小塔的基本形制，并且在每一部分都有雕刻装饰。

　　塔宝座：宝座坐落在大小两层低矮的台基上。座下部为一层造型简洁的须弥座，上下枋用混砖莲瓣过渡至束腰。束腰上雕着狮子、法轮、金刚杵等，一件接着一件满列在束腰四周，在拐角处还用盘龙柱装饰，并且在突出角上的上下枋之间，以特别用石材圆柱支撑上枋，以承受上面宝座的重压。须弥座之上的宝座上下分作八层，下七层均带出檐。第一层较高，上下分作两段，下段砖表面上满刻蒙、藏、梵文字的金刚经文，上段用壁柱分割成小龛，每个龛内雕刻一尊佛像。自第一层以上的六层都刻着同样的小龛佛像。最高层也分为上下两段，下段为砖壁，雕有梵文字的装饰，上段为石造栏杆。宝座南面中央设券门，门上方嵌石匾，上有用蒙、藏、汉三种文字书刻的"金刚座舍利宝塔"的塔名，半圆的券石上雕有诸种法器组成的装饰，在门两侧的座壁上雕着四大天王像，壁座下方的须弥座上雕有狮子，它们

金刚座舍利宝塔塔门两侧雕饰

内蒙古呼和浩特慈灯寺金刚座舍利宝塔

金刚座舍利宝塔宝座上小塔

在这里都有护卫塔门的作用。

　　内蒙古地区的这座金刚宝座塔如果与北京的三座同类型的石塔相比，最明显的区别在于所用材料的不同。这座塔以砖材为主，只在台基部分的角石、阶条石、台阶和角柱，在门洞的券面、门匾和宝座栏杆，小塔每层塔身的角柱等处用石料建造。除此之外，还在宝座各层出檐的屋顶上用了琉璃瓦件，在五座小塔顶上用了琉璃喇嘛塔。正因为主要建塔材料的不同，因此塔上装饰也以砖雕为主，雕刻起伏都不大。在色彩上，灰褐色的砖，加上黄、绿二色的琉璃瓦，少量白色石料点缀其中，使庞大的塔体显出几分清新而不笨拙。在造型上，宝座的横向分层和五座小塔的多层塔身，表现出一种有韵律的节奏感，使宝塔上下浑然一体，稳重而端庄。

　　以上所举的四座金刚宝座塔，除了北京碧云寺石塔有塔上加塔的特殊性以外，都具有宝座上立五塔的标准形式，但由于不同的小塔形态和相异的装饰处理，它们仍具有不同的风格特征，尤其是呼和浩特的金刚座舍利宝塔，更显露出内蒙古地区的一种特殊风格。

金刚座舍利宝塔塔门

图片目录

砖雕石刻

● 图片目录

第七章　砖塔与石塔

砖　塔

石　塔

砖
雕
石
刻

●
图
片
目
录

注：

图名后有①者为清华大学建筑学院乡土建筑组提供。

图名后有②者录自《瓦当汇编》，钱君匋、张星逸、许明农，上海人民美术出版社，1988年。

图名后有③者录自《中国古代建筑史》第二卷，傅熹年，中国建筑工业出版社，2001年。

图名后有④者录自《中国古代建筑史》，刘敦桢，中国建筑工业出版社，1984年。

图名后有⑤者录自《中国古代建筑史》第一卷，刘叙杰，中国建筑工业出版社，2003年。

图名后有⑥者录自《营造法原》，姚承祖、张至刚，中国建筑工业出版社，1986年。

图名后有⑦者录自《梁思成全集》，中国建筑工业出版社，2001年。

图名后有⑧者录自《中国雕塑史图录》，史岩，上海人民美术出版社，1985年。

图名后有⑨者为清华大学建筑学院资料室提供。

图名后有⑩者为清华大学建筑历史与文物建筑保护研究所提供。